"码"上百姓菜

陈志田 主编　国际烹饪艺术大师、中华名厨倾力打造

重庆出版集团 重庆出版社

图书在版编目（CIP）数据

"码"上百姓菜/陈志田主编. —重庆：重庆出版社，2014.8（2015.3重印）

ISBN 978-7-229-08323-6

Ⅰ.①码⋯　Ⅱ.①陈⋯　Ⅲ.①菜谱　Ⅳ.①TS972.12

中国版本图书馆CIP数据核字(2014)第149561号

"码"上百姓菜
MASHANG BAIXINGCAI

陈志田　主编

出　版　人：罗小卫
责任编辑：刘　喆
特约编辑：黄细素
责任校对：杨　媚
装帧设计：金版文化·吴展新

重庆出版集团
重庆出版社　出版

重庆市南岸区南滨路162号1幢　　邮政编码：400061　http://www.cqph.com
深圳市雅佳图印刷有限公司印刷
重庆出版集团图书发行有限公司发行
E-MAIL:fxchu@cqph.com　邮购电话：023-61520646
重庆出版社天猫旗舰店
cqcbs.tmall.com　直销
全国新华书店经销

开本：720mm×1016mm　1/16　印张：16　字数：200千
2014年9月第1版　　2015年3月第2次印刷
ISBN 978-7-229-08323-6

定价：29.80元

如有印装质量问题，请向本集团图书发行有限公司调换：023-61520678

吃惯山珍海味，吃遍大江南北，有时候觉得还是寻常百姓家里的菜最有味道！所以很多人都有这样的经验：为了吃上一盘最为简单的酸辣土豆丝，喝上一碗绿豆海带汤，会不惜经过几十分钟以至更长时间去寻找。这些最为简单的食材、最为简单的搭配，会带我们寻找到久违的餐桌上的温暖。

所谓百姓菜，指的是老百姓平日常用的饮馔品种，是中菜的源头，也是地方风味菜系的组成基础。百姓菜的原料不是什么山珍海味，而以常见的干鲜果蔬、禽畜鸟兽、鱼鳖虾蟹为主，但所制作出来的却是如酸辣土豆丝、西红柿炒鸡蛋等这些好吃、难忘的菜式。

有人认为食材越贵，营养越丰富，经常食用便可以延年益寿，其实这种"只求最贵不求最好"的饮食观念是不正确的。须知：食物的价值不在于贵贱，关键要看营养高不高。百姓菜的选材很平常，但是它的营养价值却不逊很多山珍海味。韭菜炒猪肝、蘑菇西红柿汤这种平民菜肴，只要烹饪得当，原料搭配科学，照样有不俗的色、香、味。

百姓菜的独特之处还在于，它不仅仅是一道菜，它的诞生往往还有着独特的故事，菜里的每一种食材都有它的出处和存在的意义。

就说最常见的麻婆豆腐吧，它始创于清同治初年。当时成都北郊万福桥有一"陈兴盛饭铺"，主厨掌灶的是店主陈春富之妻陈刘氏。她用鲜豆腐、牛肉末、辣椒、花椒、豆瓣等烧制而成的豆腐，麻、辣、烫、嫩，味美可口，人们越吃越上瘾。因她脸上有几颗麻子，故人们称此菜为"麻婆豆腐"。另外，像蛋炒饭这一寻常餐食，最早是西域民族的吃法，后经河西走廊传入内地。据说汉代的旅行家、外交家张骞酷爱蛋炒饭，他的妻妾个个都是做蛋炒饭的高手。可以说，每一道百姓菜都有它的前世今生，这就是我们最为常见的百姓菜的魅力所在：品今日之菜，知当年之事。

本书是为现代家庭量身定做的一本百姓菜谱，让您以低成本改善家庭生活，不必经常下馆子，在家即可享受到美味佳肴。全书分为凉菜、小炒、烧菜、炖煮、煎炸、汤羹、小吃、饮品八个部分，每个部分都向大家介绍一些烹饪小知识或小窍门，推荐精挑细选的菜肴。整本书内容深入浅出，菜例制作解说简明，技法易于掌握，让您无须多花时间，便可迅速将美味菜式摆上自家餐桌。

现在，我们将这本书的几个突出特点介绍如下：

俗话说得好，"授人以鱼，不如授人以渔"。本书从不同的烹饪方式出发，为您详细解释各种百姓菜的烹饪做法，教您掌握不同的烹饪方法，从而达到灵活运用，一通百通。同时，书里还讲解了各种烹饪技巧（如沙拉怎么做才营养，如何快速炒蔬菜，烧菜火候怎么掌握，各种食材炖煮技巧有哪些，怎么煎更健康，汤羹怎么做最营养，饮品怎么喝健康等），目的是让您在最短的时间内，快速掌握制作色香味俱佳的美味百姓菜。

更值得一提的是，每一道菜上面都附有一个二维码。通过扫描二维码，您可直接观赏做菜视频。本书真正做到全程手把手教学，让您把数百道百姓菜做得好吃、吃得健康。

寻常老百姓都有这样的心思，那就是，每天不管多累，只要能回到家中，坐在餐桌前吃一顿家人做的热气腾腾的饭菜，那就是最幸福、最开心的事情。真诚地希望本书能够为您带来自制美味百姓菜的信心，给家人送去一份温暖，一份关于味蕾的美好回忆！

Contents 目录

Part 1
清爽凉菜沙拉

Part 2
鲜香小炒

Part 3
美味烧菜

Part 4
健康炖煮

Part 5
香酥煎炸

Part 6
鲜美汤羹

Part 7
小吃

Part 8
养生饮品

Part 1

清爽凉菜沙拉

　　以清凉蔬果为主的各式凉菜、沙拉在如今越来越受到人们青睐。各种菜肴或甜或酸、或清凉爽口、或柔润嫩滑，不仅口感清新，而且润泽清丽的外形也让人眼前一亮。那么如何制作出美味的凉菜、沙拉呢？

可口凉菜，制作有道

凉菜，是指以盐、酱、酒、糟为主要调味品，将原料腌制入味的烹调方法，通常是宴席上的第一道菜，又有前菜、迎宾菜、龙头、脸面之称。凉菜的食用温度一般在10～14℃，在此温度下能体现它的干香、脆嫩、多味、无汤、不腻等风味特点。那么，如何做出美味的凉菜呢？

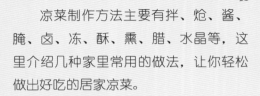 凉菜有哪些做法

凉菜制作方法主要有拌、炝、酱、腌、卤、冻、酥、熏、腊、水晶等，这里介绍几种家里常用的做法，让你轻松做出好吃的居家凉菜。

拌

是把生的原料或晾凉的热原料，切制成小型的丁、丝、条、片等形状，加入各种调味品，然后调拌均匀的做法。拌制菜肴具有清爽鲜脆的特点。

炝

先把生的原料切成丝、片、块、条等，用沸水稍烫一下，或用油稍滑一下，然后滤去水分或油分，加入以花椒油为主的调味品，最后进行掺拌。炝制菜肴具有鲜醇入味的特点。

腌

腌是用调味品将主料浸泡入味的方法。腌制凉菜不同腌咸菜，腌咸菜是以盐为主，腌制的方法也比较简单，而腌制凉菜须用多种调味品，口味鲜嫩、浓郁。

酱

酱是将原料先用盐或酱油腌渍，放入用油、糖、料酒、香料等调制的酱汤中，用旺火烧开撇去浮沫，再用小火煮熟，然后用微火熬浓汤汁，涂在成品的皮面上。酱制菜肴具有味厚馥郁的特点。

做出美味凉菜的4个诀窍

①在凉菜烹调中一定要保持清洁卫生，刀具与砧板要注意生熟分开。

②凉拌菜由于多数生食或略烫，因此首选新鲜材料，尤其要挑选当季盛产的材料，不仅材料便宜，滋味也较好。

③调味是凉菜的关键。健康的方式是以料助香。拌凉菜要避免原料和菜色单一，缺乏香气。还应慎用深色调味品，因为凉菜成品颜色强调清爽淡雅。拌菜香味要足，一般总离不开香油、麻酱、香菜、葱油之类的调料。

④注意装盘的方式，考虑材料的口感、颜色等。一盘好的凉菜在视觉上给人精心设计的观感，可以增强人的食欲。

健康沙拉，享吃有道

沙拉作为一种"洋味"很重的调味类小点，随着制作原料的日益扩大和制作方法的家庭化，品种越来越繁多。那么，究竟什么是沙拉，怎样才能保证沙拉的营养、健康呢？

何谓"沙拉"

沙拉是用各种凉透了的熟料或是可以直接食用的生料，加工成较小的形状，再加入调味品，或浇上各种冷酱汁、冷调味汁拌制而成的。

沙拉怎么做才健康

沙拉以其色泽鲜艳、外形美观、解腻开胃的特点受人欢迎，你是否还在为不能做出一道可口的沙拉而苦恼呢？其实只要掌握了制作沙拉的小技巧，你就可以轻松做出美味沙拉了。

慎选调制沙拉用具

醋是制作沙拉常见的调料，但是醋汁的酸性有腐蚀作用，所以在盛沙拉的容器的选择上要用玻璃、陶瓷材质的器具，避免使用铝或珐琅材质的器具。搅拌的叉匙最好用木制的。

蔬菜要用冰水浸泡

制作沙拉前可以先将蔬菜用冰水浸泡，这样可以让蔬菜恢复失去的水分，而且蔬菜的颜色也会比较鲜亮，吃起来口感更清甜爽脆。

酸奶除油腻

在沙拉中加入酸奶，或者干脆用酸奶做沙拉酱，这样能避免油腻的感觉，而且非常爽口。不过需要用浓稠的酸奶，而不能用太稀的果味酸奶。

沙拉怎么吃才健康

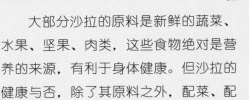

大部分沙拉的原料是新鲜的蔬菜、水果、坚果、肉类，这些食物绝对是营养的来源，有利于身体健康。但沙拉的健康与否，除了其原料之外，配菜、配料以及酱料的选择和使用也非常重要。

选择颜色丰富的蔬菜

在沙拉原料的选材上，我们需要尽量选择颜色丰富的蔬菜。

减少配料与酱的含盐量

沙拉食品中的含盐量大部分都来自于其配料，比如火腿、熏肉、乳酪等，在这些食物中通常都含有丰富的盐，所以在吃沙拉的时候最好是能自己调制，并且以低盐、低脂肪为主。

菠菜拌粉丝

🔄 **材料** 菠菜130克，红椒15克，水发粉丝70克，蒜末少许

🧂 **调料** 盐2克，鸡粉2克，生抽4毫升，芝麻油2毫升，食用油适量

🍳 **做法** ①洗净的菠菜切成段；泡好的粉丝切成段；洗净的红椒切成丝。②锅中注水烧开，倒入油，将粉丝放入沸水中烫煮片刻，捞出待用。③把切好的菠菜倒入沸水锅中，搅匀，煮约1分钟，放入切好的红椒丝，拌煮片刻，把煮好的菠菜和红椒捞出，备用。④取一个干净的碗，将焯好的食材放入碗中。⑤倒入蒜末，加入盐、鸡粉、生抽、芝麻油，把碗中的食材搅拌均匀。⑥将拌好的菜盛出，装盘即可。

🥣 凉拌芥蓝

🔄 **材料** 芥蓝150克，红椒20克，蒜末少许

🧂 **调料** 盐3克，鸡粉2克，白糖4克，生抽3毫升，辣椒油、芝麻油、食用油各适量

🍳 **做法** ①将芥蓝、红椒切丁。②锅中注入适量清水烧开，加入少许食用油，放入2克盐，倒入芥蓝，搅拌均匀，煮1分钟。③加入红椒，搅匀，续煮片刻至食材熟透，沥水捞出。④将焯好的食材倒入碗中，放入蒜末，加入适量生抽、白糖、盐、鸡粉，淋入少许辣椒油、芝麻油，搅拌均匀。⑤将拌好的材料盛出，装盘即可。

🥣 银耳拌芹菜

🎯 **材料** 水发银耳180克，木耳40克，芹菜30克，枸杞5克，蒜末少许

🅰 **调料** 食粉（小苏打）2克，盐2克，鸡粉3克，生抽3毫升，辣椒油2毫升，芝麻油2毫升，陈醋2毫升，食用油适量

🍲 **做法** ①银耳、木耳切小块；芹菜切段。②锅中注水烧开，放入油、芹菜、木耳，煮熟后沥水捞出。③再向沸水锅中加入食粉，倒入切好的银耳，搅匀，煮约1分钟，再加入洗好的枸杞，搅拌匀，再煮片刻，把焯好的银耳和枸杞捞出，备用。④向焯好的银耳和枸杞倒入碗中，放入芹菜和木耳，倒入蒜末，加入适量盐、鸡粉。⑤将拌好的食材盛出，装盘即可。

🥣 木耳拌豆角

🎯 **材料** 水发木耳40克，豆角100克，蒜末、葱花各少许

🅰 **调料** 盐3克，鸡粉2克，生抽4毫升，陈醋6毫升，芝麻油、食用油各适量

🍲 **做法** ①将豆角切长段；木耳切块。②锅中注入适量清水烧开，加入少许盐、鸡粉，倒入切好的豆角，再注入少许食用油，搅匀，煮约半分钟。③放入木耳，搅匀，煮至食材断生后沥水捞出。④将焯煮好的食材装在碗中，撒上蒜末、葱花，加入盐、鸡粉，淋入生抽、陈醋，再倒入少许芝麻油，搅拌一会儿，至食材入味。⑤取一个干净的盘子，盛入拌好的食材即成。

凉拌豌豆苗

材料 豌豆苗200克，彩椒40克，枸杞10克，蒜末少许

调料 盐2克，鸡粉2克，芝麻油2毫升，食用油适量

做法 ①彩椒切丝，备用。②锅中注水烧开，放入油、枸杞、豌豆苗，拌煮分钟至断生，沥水捞出。③将焯煮好的食材装入碗中。④放入蒜末，加入彩椒丝。⑤放入适量盐、鸡粉，淋入少许芝麻油，用筷子搅拌匀。⑥将拌好的食材盛出，装入盘中即可。

制作指导 这道菜讲究豌豆苗本身的清淡爽口，因此不适宜加太多的调料。

凉拌莴笋

材料 莴笋100克，胡萝卜90克，黄豆芽90克，蒜末少许

调料 盐3克，鸡粉少许，白糖2克，生抽4毫升，陈醋7毫升，芝麻油、食用油各适量

做法 ①胡萝卜、莴笋切丝。②淋入适量生抽、陈醋，再注入芝麻油，搅拌一会儿，至食材入味。③再放入洗净的黄豆芽，搅拌几下，煮约半分钟，至食材熟透后捞出，沥干水分，待用。④将焯煮好的食材装入碗中，撒上蒜末，加入少许盐、鸡粉、白糖，淋入适量生抽、陈醋，再注入芝麻油，搅拌一会儿，至食材入味。⑤盛出拌好的菜肴，摆好盘即成。

白菜梗拌胡萝卜丝

材料 白菜梗120克，胡萝卜200克，青椒35克，蒜末、葱花各少许

调料 盐3克，鸡粉2克，生抽3毫升，陈醋6毫升，芝麻油适量

做法 ①白菜梗、胡萝卜、青椒切丝，装盘待用。②锅中注入适量清水烧开，加入少许盐，倒入胡萝卜丝，搅匀，煮约1分钟。③放入切好的白菜梗、青椒，拌匀搅散，再煮约半分钟，至全部食材断生后捞出，沥干水分，待用。④把焯煮好的食材装入碗中，加入盐、鸡粉，淋入少许生抽、陈醋，倒入芝麻油。⑤撒上蒜末、葱花，搅拌至食材入味。⑥取一个干净的盘子，将拌好的材料盛出装盘即成。

彩椒拌腐竹

材料 水发腐竹200克，彩椒70克，蒜末、葱花各少许

调料 盐3克，生抽2毫升，鸡粉2克，芝麻油2毫升，辣椒油3毫升，食用油适量

做法 ①彩椒切丝，备用。②锅中注入适量清水烧开，加入少许食用油、盐，倒入洗好的腐竹，搅匀，煮至沸。③放入切好的彩椒，搅匀，煮1分30秒，至食材熟透，捞出焯煮好腐竹和彩椒，放入碗中，备用。④放入备好的蒜末、葱花，加入适量盐、生抽、鸡粉、芝麻油，用筷子搅拌匀。⑤淋入辣椒油，拌匀，至食材入味。⑥盛出拌好的食材，装盘即可。

黄瓜拌豆皮

材料 黄瓜120克，豆皮150克，红椒25克，蒜末、葱花各少许

调料 盐3克，鸡粉2克，生抽4毫升，陈醋6毫升，芝麻油、食用油各适量

做法

① 黄瓜、红椒、豆皮切开，切丝，分别放在盘中，待用。

② 锅中注水烧开，放入油、盐、豆皮，搅散，煮约1分钟。

③ 再放入红椒丝，搅匀，煮至全部食材熟透后沥水捞出。

④ 将焯好的食材放在碗中，再倒入黄瓜丝、蒜末、葱花。

⑤ 加入除食用油外的所有调料，拌约1分钟，至食材入味。

⑥ 取一个干净的盘子，放入拌好的食材，摆好即成。

制作指导 豆皮尽量切得整齐一些，这样成品的样式才美观。

营养功效 黄瓜有除湿利水、降脂、降压、促进消化的作用。

黄瓜拌绿豆芽

材料 黄瓜200克，绿豆芽80克，红椒15克，蒜末、葱花各少许

调料 盐2克，鸡粉2克，陈醋4毫升，芝麻油、食用油各适量

做法

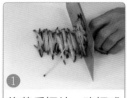

①将黄瓜切片，改切成丝；洗好的红椒切开，去子切成丝。

②将油和切好的食材倒入沸水锅中，煮至熟，沥水捞出。

③再放入切好的黄瓜丝，加入适量盐、鸡粉。

④放入蒜末、葱花，倒入适量陈醋，用筷子拌匀至入味。

⑤淋入少许芝麻油，把碗中的食材搅拌匀。

⑥将拌好的材料装入盘中即成。

制作指导 绿豆芽性寒，若体寒的人食用此菜时可以配上一点姜丝，以中和寒性。

营养功效 绿豆芽含能清除血管壁中堆积的胆固醇和脂肪，预防心血管疾病。常食还可清热解毒，利尿除湿。

🥣 金针菇拌黄瓜

🍄 **材料** 金针菇110克，黄瓜90克，胡萝卜40克，蒜末、葱花各少许

🧂 **调料** 盐3克，食用油2毫升，陈醋3毫升，生抽5毫升，鸡粉、辣椒油、芝麻油各适量

🍲 **做法**

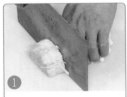

① 黄瓜、胡萝卜切成丝；洗好的金针菇切去根部。

② 锅中注水烧开，放入油、盐，倒入胡萝卜，煮半分钟。

③ 放入金针菇，煮至食材熟透，把煮好的食材沥水捞出。

④ 将黄瓜丝倒入碗中，放入适量盐，拌匀。

⑤ 倒入其余食材，放入蒜末、葱花、调料，拌匀。

⑥ 将拌好的食材装入盘中即可。

🔺**制作指导** 食材焯煮的时间不宜过长，以免影响成品的鲜嫩口感。

🔺**营养功效** 金针菇可以减轻或延缓糖尿病并发症的发生，对于高血压、高血糖、肥胖症等都有一定的食疗作用。

西瓜翠衣拌胡萝卜

材料 西瓜皮200克，胡萝卜200克，熟白芝麻、蒜末各少许

调料 盐2克，白糖4克，陈醋8毫升，食用油适量

做法

① 洗净的胡萝卜、西瓜皮切成丝，备用。

② 锅中注水烧开，倒入油、胡萝卜，搅散，略煮片刻。

③ 加入西瓜皮，煮至其断生，把焯煮好的食材沥水捞出。

④ 将焯好的胡萝卜和西瓜皮放入碗中，加入蒜末。

⑤ 放入适量盐、白糖，淋入陈醋，用筷子拌匀调味。

⑥ 将拌好的食材盛出，撒上白芝麻，装入盘中即可。

制作指导 西瓜皮切之前修饰整齐，这样成品才好看。

营养功效 胡萝卜中的胡萝卜素含有琥珀酸钾等成分，能降血压、清热解毒，对高血压病患者的身体健康有利。

🥣 紫菜凉拌白菜心

⊕ 材料 大白菜200克，水发紫菜70克，熟芝麻10克，蒜末、姜末、葱花各少许

🍶 调料 盐3克，白糖3克，陈醋5毫升，芝麻油2毫升，鸡粉、食用油各适量

🥄 做法 ①大白菜切丝。②用油起锅，倒入将蒜末、姜末爆香。③锅中注入适量清水烧开，放入少许盐，倒入切好的大白菜，搅拌匀，略煮片刻，倒入洗好的紫菜，煮至沸，将焯好的食材捞出，沥干水分，备用。④把焯煮好的食材装入碗中，倒入炒好的蒜末、姜末。⑤放入适量盐、鸡粉、陈醋、白糖，淋入芝麻油，倒入葱花，拌匀，继续搅拌使食材入味。⑥盛出拌好的食材，装入碗中，撒上熟芝麻即可。

🥣 海带丝拌土豆丝

⊕ 材料 海带120克，土豆90克，彩椒50克，蒜末、葱花各少许

🍶 调料 盐3克，鸡粉4克，生抽6毫升，陈醋8毫升，芝麻油2毫升

🥄 做法 ①将彩椒、海带、土豆切丝。②锅中注水烧开，加入盐、鸡粉、海带、土豆丝，搅匀煮熟。③倒入彩椒，焯煮至断生，沥水捞出。④将焯过水的食材装入碗中，放入蒜末、葱花。⑤加入生抽、盐、鸡粉，淋上陈醋、芝麻油，拌匀调味。⑥将食材盛出，装盘即可。

🔺制作指导 海带本身带有咸味，制作此菜时可少放一些盐。

芹菜拌豆腐干

🐾 **材料** 芹菜85克，豆腐干100克，彩椒80克，蒜末少许

🥄 **调料** 盐3克，鸡粉2克，生抽4毫升，芝麻油2毫升，陈醋5毫升，食用油适量

🍲 **做法** ①洗好的豆腐干切条；洗净的芹菜切成段；洗好的彩椒切块，再切条，备用。②锅中注入适量清水烧开，放入少许盐、食用油，倒入豆腐干，搅拌匀，煮至沸。③放入芹菜、彩椒，拌匀，略煮片刻，捞出焯煮好的食材，沥干水分。④将焯过水的食材装入碗中，放入蒜末。⑤加入鸡粉、盐、生抽、芝麻油，拌匀调味，淋入陈醋，继续搅拌片刻。⑥将食材盛出，装盘即可。

菠菜拌魔芋

🐾 **材料** 魔芋200克，菠菜180克，枸杞15克，熟芝麻、蒜末各少许

🥄 **调料** 盐3克，鸡粉2克，生抽5毫升，芝麻油、食用油各适量

🍲 **做法** ①将洗净的魔芋切开，再切成小方块；洗好的菠菜切去根部，再切成段。②锅中注水烧开，加入盐、鸡粉，魔芋块，煮至食材熟软后沥水捞出。③沸水锅中再注入油，倒入菠菜，煮至其断生后沥水捞出。④取一个干净的碗，倒入煮熟的魔芋块，放入焯好的菠菜，再倒入洗净的枸杞，撒上蒜末。⑤淋入少许生抽，加入适量鸡粉、盐，倒入少许芝麻油，搅拌一会儿，至食材入味。⑥盛出食材，撒上熟芝麻即成。

🥣 苦菊拌肉丝

🔸 **材料** 苦菊200克，猪瘦肉100克，熟花生米90克，彩椒45克，蒜末、葱花各少许

🔸 **调料** 盐、鸡粉各3克，甜面酱10克，料酒5毫升，陈醋12毫升，水淀粉、芝麻油、食用油各适量

🔸 **做法** ①彩椒切块；苦菊切段；猪瘦肉切丝。②把肉丝加调料腌渍入味。③将油、彩椒、苦菊倒入沸水锅中，煮软后捞出。④肉丝倒入热油锅中，淋入料酒，加入盐、鸡粉，炒匀调味，再放入甜面酱，翻炒至其熟透，关火后盛出。⑤将焯煮好的苦菊装入碗中，再倒入焯煮熟的彩椒块，放入炒熟的肉丝，撒上蒜末，加入盐、鸡粉，淋入陈醋，搅拌匀，再放入葱花、芝麻油，拌至食材入味。⑥撒上熟花生米，摆好盘即成。

🥣 米椒拌牛肚

🔸 **材料** 牛肚200克，泡小米椒45克，蒜末、葱花各少许

🔸 **调料** 盐4克，鸡粉4克，辣椒油4毫升，料酒10毫升，生抽8毫升，芝麻油2毫升，花椒油2毫升

🔸 **做法** ①锅中注水烧开，倒入牛肚。②淋入适量料酒、生抽，放入少许盐、鸡粉，搅拌均匀，盖上盖，用小火煮1小时，至牛肚熟透。③揭开盖，捞出煮好的牛肚，沥干水分，备用。④将余煮好的牛肚装入碗中，加入泡小米椒、蒜末、葱花。⑤放入少许盐、鸡粉，淋入辣椒油、芝麻油、花椒油，搅拌片刻，至食材入味。⑥将拌好的牛肚装入盘中即可。

西芹拌鸡胗

材料 鸡胗180克，西芹100克，红椒20克，蒜末少许

调料 料酒3毫升，鸡粉2克，辣椒油4毫升，芝麻油2毫升，盐、生抽、食用油各适量

做法 ①将西芹、红椒、鸡胗切块。②将油、盐、西芹、红椒倒入沸水锅中，煮熟后沥水捞出。③再向沸水锅中淋入生抽、料酒，倒入洗净切好的鸡胗，搅匀，盖上盖，煮约5分钟，至鸡胗熟透；揭开盖，把煮好的鸡胗捞出。④把西芹和红椒倒入碗中，放入氽煮好的鸡胗，再放入备好的蒜末。⑤加入盐、鸡粉，淋入生抽，倒入辣椒油、芝麻油，用筷子把碗中的食材搅拌匀。⑥盛入盘中即可。

炝拌鸭肝双花

材料 西蓝花230克，花菜260克，卤鸭肝150克，蒜末、葱花各少许

调料 陈醋10毫升，盐2克，芝麻油7毫升，生抽、鸡粉、食用油各适量

做法 ①花菜、西蓝花切成小朵；卤鸭肝切薄片，备用。②锅中注入适量清水烧开，加入少许食用油、鸡粉、盐，倒入花菜，搅散，煮半分钟至其断生。③放入西蓝花，搅拌匀，煮约1分钟至食材熟软，捞出焯煮好的食材，沥干水分，备用。④取一个碗，放入焯过水的西蓝花、花菜，放入鸭肝，撒上蒜末、葱花。⑤加入适量生抽、盐、鸡粉，淋入少许芝麻油，倒入陈醋，搅拌匀至食材入味。⑥将拌好的食材装盘即可。

凉拌海藻

材料 水发海藻180克，彩椒60克，熟白芝麻6克，蒜末、葱花各少许

调料 盐3克，鸡粉2克，陈醋8毫升，白醋10毫升，生抽、芝麻油各少许

做法 ①彩椒切粗丝。②锅中注水烧开，放盐、白醋。③倒入海藻拌匀，煮沸，再放彩椒丝，拌煮熟后捞出。④焯好的食材装入碗中，撒蒜末、葱花，加盐、鸡粉。⑤注入陈醋，滴上芝麻油，淋入生抽，搅拌约1分钟。⑥取干净的盘子，盛入食材，撒熟白芝麻，摆好盘即成。

制作指导 焯煮海藻的时间可适当长一些，这样能去除其有害物质，有益健康。

海米拌菠菜

材料 菠菜200克，海米20克，蒜末、葱花各少许

调料 盐、鸡粉、生抽、食用油各适量

做法 ①洗净的菠菜切成段，装盘待用。②锅中注水烧开，放入油、菠菜，搅匀，煮1分钟至熟，把菠菜捞出，待用。③用油起锅，放入海米，炒香，把炒好的海米盛出，装碗待用。④将煮好的菠菜倒入碗中，放入蒜末、海米。⑤倒入生抽，加入盐、鸡粉，用筷子拌匀调味。⑥将拌好的材料盛出，装盘即可。

制作指导 菠菜过水焯煮时，等到菜叶绿即加少许盐，菜叶就不易变黄。

黑木耳拌海蜇丝

材料 水发黑木耳40克，水发海蜇120克，胡萝卜80克，西芹80克，香菜20克，蒜末少许

调料 盐1克，鸡粉2克，白糖4克，陈醋6毫升，芝麻油2毫升，食用油适量

做法 ①洗净去皮的胡萝卜切丝；洗好的黑木耳切丝；洗净的西芹切丝；洗净的香菜切末；海蜇洗净切丝。②锅中注入适量清水烧开，放入海蜇丝，煮约2分钟，放入胡萝卜、黑木耳，搅拌匀，淋少许食用油，再煮1分钟。③放入西芹，略煮一会儿，把煮熟的食材捞出，沥干水分。④将焯过水的食材装入碗中，加入蒜末、香菜，放入适量白糖、盐、鸡粉、陈醋。⑤淋入芝麻油，拌匀。⑥将拌好的食材盛出，装入盘中即可。

海蜇拌魔芋丝

材料 海蜇丝120克，魔芋丝140克，彩椒70克，蒜末少许

调料 盐、鸡粉各少许，白糖3克，芝麻油2毫升，陈醋5毫升

做法 ①彩椒切条，备用。②锅中注水烧开，倒入洗净的海蜇丝、魔芋丝、彩椒，略煮片刻，捞出焯煮好的食材，沥干水分。③把焯过水的食材装入碗中，放入蒜末。④加入盐、鸡粉、白糖，淋入芝麻油、陈醋，拌匀调味。⑤将拌好的食材盛出，装入盘中即可。

制作指导 魔芋不容易入味，可以多拌一会儿，以使其口感更佳。

黄瓜拌花甲肉

材料 黄瓜200克，花甲肉90克90克，香菜15克，胡萝卜100克，姜末、蒜末各少许

调料 盐3克，鸡粉2克，料酒8毫升，白糖3克，生抽8毫升，陈醋8毫升，芝麻油2毫升

做法 ①胡萝卜、黄瓜切丝；香菜切段；备用。②砂锅中注入适量清水烧开，放入适量料酒、盐。③倒入胡萝卜，加入洗净的花甲肉，搅拌匀，煮1分钟至熟，把煮好的胡萝卜和花甲肉捞出，沥干水分，待用。④把黄瓜装入碗中，加入胡萝卜和花甲肉，倒入姜末、蒜末，加入香菜。⑤放入适量盐、鸡粉、白糖，淋入生抽、陈醋、芝麻油，用筷子拌匀调味。⑥将拌好的食材盛出，装盘即可。

蒜香拌蛤蜊

材料 莴笋120克，水发木耳40克，彩椒70克，蛤蜊肉70克，蒜末少许

调料 盐3克，白糖3克，陈醋5毫升，蒸鱼豉油2毫升，芝麻油2毫升，食用油适量

做法 ①洗好的木耳切成小块。洗净去皮的莴笋用斜刀切段，改切成片。洗好的彩椒切条，改切成小块。②锅中注入适量清水烧开，放入少许盐、食用油。倒入莴笋、木耳、彩椒，搅拌匀。加入蛤蜊肉，煮半分钟。③将锅中食材捞出，沥干水分。把氽煮好的食材倒入碗中，放入蒜末。④加入适量白糖、陈醋、盐、蒸鱼豉油，淋入少许芝麻油，拌匀调味。⑤将拌好的食材装入盘中即可。

水果豆腐沙拉

材料 橙子40克，日本豆腐70克，猕猴桃30克，圣女果25克

调料 酸奶30毫升

做法 ①将日本豆腐去除外包装，切成棋子块。②去皮洗好的猕猴桃切成片；洗净的圣女果切成片；橙子切成片。③锅中注入适量清水，大火烧开。④放入切好的日本豆腐，煮半分钟至其熟透。⑤把煮好的日本豆腐捞出，装入盘中。⑥把切好的水果放在日本豆腐块上，淋上酸奶即可。

制作指导 酸奶不宜加太多，以免掩盖豆腐和水果本身的味道。

草莓苹果沙拉

材料 草莓90克，苹果90克

调料 沙拉酱10克

做法 ①将洗好的草莓去蒂，用刀将其切成小块，备用。②将洗净的苹果去核，用刀将其切成瓣，再切成小块，备用。③取一个干净的小碗，把切好的草莓块和苹果块装入碗中。④向碗中加入适量的沙拉酱。⑤用小勺子搅拌一会儿，至其入味。⑥将拌好的水果沙拉盛出，装入盘中即可。

制作指导 草莓先用温水泡一会儿再冲洗，能更好地清除表面的杂质。

大杏仁蔬菜沙拉

材料 巴旦木仁（俗称大杏仁）30克，荷兰豆90克，圣女果100克

调料 盐3克，橄榄油3毫升，沙拉酱15克

做法

① 洗净的圣女果对半切开；洗好的荷兰豆切成段。

② 锅中注入适量清水烧开，放入少许盐、橄榄油。

③ 倒入荷兰豆，煮1分钟至熟，沥水捞出，备用。

④ 将圣女果放入碗中，加入焯好的荷兰豆。

⑤ 放入盐、橄榄油、沙拉酱、巴旦木仁，搅拌匀。

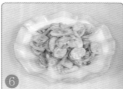

⑥ 盛出拌好的沙拉，装入碗中即可。

制作指导 荷兰豆要焯煮至熟透，以免食用后引发中毒。

营养功效 巴旦木能使人产生饱腹感，并能有效控制血糖值，可帮助糖尿病人纠正饮食行为中的不当习惯。

番石榴水果沙拉

🔘 **材料** 番石榴120克，柚子肉100克，圣女果100克，牛奶30毫升

🔘 **调料** 沙拉酱10克

🔘 **做法**

❶ 将洗净的圣女果切小块。

❷ 去皮剥下的柚子肉切小块。

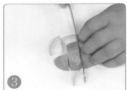
❸ 洗好的番石榴切瓣，改切小块。

❹ 把切好的水果装入碗中。

❺ 倒入适量的牛奶。

❻ 加入沙拉酱。

❼ 用筷子搅拌均匀。

❽ 把拌好的水果沙拉盛出，装入盘中即可。

橄榄油拌果蔬沙拉

材料 紫甘蓝100克，黄瓜100克，西红柿95克，玉米粒90克

调料 盐2克，沙拉酱、橄榄油各适量

做法

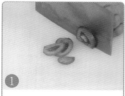

❶ 将黄瓜切成片；紫甘蓝切块；西红柿切片，备用。

❷ 锅中注水烧开，倒入玉米粒，搅拌匀，煮约1分钟。

❸ 再放入紫甘蓝，煮至食材断生后沥水捞出，备用。

❹ 把焯煮熟的食材装入碗中，倒入切好的黄瓜、西红柿。

❺ 淋上橄榄油、盐、沙拉酱，快速搅拌片刻，至食材入味。

❻ 取一个干净的盘子，盛入拌好的食材，摆好盘即成。

制作指导 玉米粒较硬，焯煮的时间可稍微长一些，这样能改善菜肴的口感。

营养功效 黄瓜能抑制人体中的糖类物质转化成脂肪，而且黄瓜的含糖量极低，是肥胖型糖尿病患者的理想食材。

橄榄油蔬果沙拉

材料 鲜玉米粒90克，圣女果120克，黄瓜100克，熟鸡蛋1个，生菜50克

调料 沙拉酱10克，白糖7克，凉拌醋8毫升，盐少许，橄榄油3毫升

做法

❶ 黄瓜切成片；生菜切碎；洗好的圣女果对半切开。

❷ 将熟鸡蛋打开，剥壳，取蛋白，将其切小块。

❸ 将玉米粒倒入沸水锅中，煮至其断生，沥水捞出，备用。

❹ 取适量黄瓜片，围在盘子边沿作装饰。

❺ 把所有食材和所有调料放入碗中，搅拌片刻，使食材入味。

❻ 盛出拌好的食材，装入装饰好的盘中，撒上生菜即可。

制作指导 制作蔬果沙拉时，可少放些醋，以突出蔬果本身的味道。

营养功效 圣女果富含西红柿红素等抗氧化物，能抗衰老，预防心血管疾病，防癌抗癌，防辐射。

🥣 蓝莓果蔬沙拉

◆ 材料 黄瓜120克，火龙果肉片110克，橙子100克，雪梨90克，蓝莓80克，柠檬70克

◆ 调料 沙拉酱15克

◆ 做法 ①将橙子切小瓣；去除果皮，再把果肉切小块。②雪梨、黄瓜切小块，备用。③在切好的食材、蓝莓、火龙果肉片上挤上沙拉酱、柠檬汁，搅拌至食材入味。④取一个干净的盘子，摆上余下的火龙果肉片。⑤再盛入拌好的食材，摆好盘即成。

△制作指导 黄瓜的皮不宜去得太多，以免损失营养物质。

🥣 猕猴桃苹果黄瓜沙拉

◆ 材料 苹果120克，黄瓜100克，猕猴桃100克，牛奶20毫升

◆ 调料 沙拉酱少许

◆ 做法 ①将洗好的黄瓜切成若干片。②洗净的苹果切片，再切小块。③洗好去皮的猕猴桃切成片，备用。④把切好的食材装入碗中，倒入准备好的牛奶。⑤放入少许沙拉酱，快速搅拌匀，至食材入味。⑥取一个干净的盘子，盛入拌好的食材，摆好盘即成。

△制作指导 苹果切好后若不立即使用，可浸入淡盐水中，以免氧化变黑。

蜜柚苹果猕猴桃沙拉

材料 柚子肉120克，猕猴桃100克，苹果100克，巴旦木仁35克，枸杞15克

调料 沙拉酱10克

做法 ①将洗净的猕猴桃去皮，切成瓣，再切成小块。②洗好的苹果去核，切成瓣，再切成小块。③柚子肉分成小块。④把处理好的果肉装入碗中，放入沙拉酱，搅拌均匀。⑤加入巴旦木仁、枸杞，搅拌一会儿，使食材入味。⑥将拌好的水果沙拉盛出，装入盘中即可。

制作指导 苹果皮营养丰富，可以不用去皮。

苹果蔬菜沙拉

材料 苹果100克，西红柿150克，黄瓜90克，生菜50克，牛奶30毫升

调料 沙拉酱10克

做法 ①洗净的西红柿对半切开，切成片。②洗好的黄瓜切成片。③洗净的苹果切开，去核，再切成片，备用。④将切好的食材装入碗中，倒入牛奶。⑤加入沙拉酱，拌匀，继续搅拌片刻，使食材入味。⑥把洗好的生菜叶垫在盘底，装入做好的果蔬沙拉即可。

制作指导 牛奶不要加太多，否则会影响沙拉的口感。

葡萄柚猕猴桃沙拉

材料 葡萄柚200克，猕猴桃100克，圣女果70克

调料 炼乳10克

做法 ①洗净的猕猴桃去皮，去除硬芯，把果肉切成片。②葡萄柚剥去皮，把果肉切成小块。③洗好的圣女果切成小块，备用。④把切好的葡萄柚、猕猴桃装入碗中，挤入适量炼乳，用勺子搅拌均匀，使炼乳裹匀食材。⑤取一个干净的盘子，摆上圣女果装饰。⑥将拌好的沙拉装入盘中即可。

制作指导 沙拉做好后可封上保鲜膜，放入冰箱冷藏一会儿再取出食用，口感会更好。

水果酸奶沙拉

材料 火龙果120克，香蕉110克，猕猴桃、圣女果各100克，草莓95克，酸牛奶100毫升

调料 沙拉酱10克

做法 ①将圣女果、草莓切成小块。②香蕉、猕猴桃去皮，切成小块。③洗净的火龙果取出果肉，切成小块。④把切好的水果装入碗中。⑤倒入备好的酸牛奶，加入沙拉酱，快速搅拌一会儿，至食材入味。⑥取一个干净的盘子，盛入拌好的水果沙拉，摆好盘即成。

制作指导 香蕉切开后要立即使用，以免肉质氧化变黑。

酸奶水果沙拉

材料 哈密瓜120克，雪梨100克，苹果90克，圣女果40克

调料 酸奶20毫升

做法 ①将洗净去皮的哈密瓜切开，再切成丁。②洗好的苹果切瓣，去除果核，把果肉切丁。③洗净去皮的雪梨切开，改切成丁。④洗净的圣女果切小块，备用。⑤取一个干净的大碗，倒入切好的材料，加入适量酸奶，快速搅拌片刻，至食材混合均匀。⑥另取一个干净的盘子，盛入拌好的食材，摆好盘即成。

制作指导 食材切好后要立即使用，以免氧化变黑，影响外观。

紫甘蓝雪梨玉米沙拉

材料 紫甘蓝90克，雪梨120克，黄瓜100克，西芹70克，鲜玉米粒85克

调料 盐2克，沙拉酱15克

做法 ①西芹、黄瓜切丁；雪梨、紫甘蓝切小块。②锅中注水烧开，放入盐、玉米粒，煮至其断生。③加入紫甘蓝，再煮半分钟，将二者均沥水捞出。④将切好的西芹、雪梨、黄瓜倒入碗中，加入焯过水的紫甘蓝和玉米粒。⑤倒入沙拉酱，用勺子搅拌匀。⑥将拌好的沙拉盛出，装入碗中即可。

制作指导 煮玉米粒时加点盐，会让玉米的甜味更突出。

🥣 三文鱼沙拉

📥 材料 三文鱼90克，芦笋100克，熟鸡蛋1个，柠檬80克

🍶 调料 盐3克，黑胡椒粒、橄榄油各适量

🍳 做法 ①芦笋切段；鸡蛋切小块；三文鱼切片。②锅中注水烧开，加入盐、油、芦笋段，煮熟后沥水捞出。③把芦笋放入碗中，倒入三文鱼，放入柠檬汁、黑胡椒粒。④放入盐，搅拌均匀，淋入橄榄油，搅拌至食材入味。⑤夹出部分芦笋，摆入盘中，放入鸡蛋。⑥再放入拌好的三文鱼、剩余的芦笋即可。

🔺制作指导 芦笋焯水时间不能过久，否则会影响其脆嫩的口感。

🥣 鲜虾紫甘蓝沙拉

📥 材料 虾仁70克，西红柿130克，彩椒50克，紫甘蓝60克，西芹70克

🍶 调料 沙拉酱15克，料酒5毫升，盐2克

🍳 做法 ①西芹切段；西红柿切瓣；彩椒切小块；紫甘蓝切小块，备用。②将盐、西芹、彩椒、紫甘蓝倒入沸水锅中，煮至其断生，沥水捞出。③再把虾仁倒入沸水锅中，淋入料酒，煮熟后沥水捞出。④将煮好的西芹、彩椒、紫甘蓝倒入碗中。⑤放入西红柿、虾仁、沙拉酱，拌匀。⑥盛出拌好的食材，装盘即可。

🔺制作指导 紫甘蓝不宜焯水过久，否则会破坏营养，而且影响脆嫩口感。

Part 2

鲜香小炒

　　咱老百姓餐桌上最常见的就是鲜香小炒，它鲜香、精致，在饮食多元化的今天，您是不是依然钟情于它呢？您是不是很想学几道超人气小炒来赢得众人羡慕的眼神？那么，现在让我们一起开启小炒的美妙旅程吧！

小炒小讲堂

不要再抱怨自己做的菜不香了，炒菜是一门综合各种经验的技艺。"小炒小讲堂"将带领您在平实的烹饪中品味到不一般的乐趣。

什么是小炒？

小炒就是以油或金属为主要导热体，将小形原料用中、大火在较短时间内加热成熟、调味成菜的一种烹调方法。小炒的加热时间比较短，原料脱水不多，因此成菜具有鲜嫩滑爽的特点，但不易入味，所以除了一些强调清脆爽口口感的蔬菜菜肴，一般都要勾芡。

怎样给小炒增香

小炒作为老百姓餐桌上的常客，对大多数的人来说做出来并不难。但是，如何做出鲜香诱人的小炒，这是有秘诀的。要想使自己做的菜与众不同，要想自己做的菜受人青睐，要想在家就可以品味大餐，就看看下面的"鲜香秘诀"吧！

点香

在加热过程中，一些原料虽有香气产生，但不够浓郁，此时可加入原料或调味料补缀，称为"点香"。具体操作起来就是菜在出锅前要滴点香油，加些香菜、葱末、姜末、胡椒粉，或者在菜肴装盘后撒椒盐、油烹姜丝等，运用这些具有挥发性香味的原料或调味品，通过瞬时加热，使其香味迅速逸出，达到既调香又调味的目的。这也是我们日常生活中最常见的增香方式。

合香

合香即采用各具不同特殊香味的主料、辅料，合成色、香、味俱全的经典香型。像烹制动物性原料，常要加入植物性原料，这样做，不仅在营养互补方面很有益处，还可以使各种香味基质在加热过程中融合、扬溢，散发出更丰富的复合香味。例如"芹黄炒鱼丝""香芜爆里脊"等，主料、辅料各具不同的香味，使鱼、肉的醇香与菜蔬的异样清香融合，别有风味。

提香

通过一定的加热时间，使菜肴原料、调料中的含香基质充分逸出，可最大限度地利用香味素，产生最理想的香味效应，即"提香"。一般炒菜，由于原料和香辛调味的加热时间短，原料内部的香味素并未充分逸出。故想增加炒菜的香味，可改用小火加长菜肴的加热时间。

小炒有妙招

您知道吗？虽然小炒经常出现在人们的餐桌上，甚至人人都可以做出一盘小炒，但是做好小炒并不容易。要做出一盘色香味俱全的小炒，是有诀窍的。

炒菜放盐有先后

"先放菜后下盐"，这是针对使用豆油或者菜油炒菜而言，这样可以减少蔬菜中营养成分的流失；"先下盐后放菜"则是对花生油而言，因花生油中可能含有黄曲霉菌，盐中的碘化物能去除这些有害物质。

热水泡豆腐除豆腥味

豆腐营养价值很高，制熟后软软滑滑、入口即化的口感真是让人爱不释口，尤其受孩子和老人的喜爱。但是，很多人又会因难以接受它的豆腥味而感到苦恼。其实只要在下锅前将豆腐放入热水中浸泡5～10分钟，即可除掉异味。

巧手炒鸡蛋

炒鸡蛋前，将鸡蛋打入碗中，加些冷水搅匀，可使炒出的鸡蛋松软可口。炒鸡蛋时，滴几滴啤酒或米酒在蛋液中搅拌均匀，炒出来的蛋会松软味香，光泽鲜艳。同时滴入少许冷水，可以保证鸡蛋不粘锅。

如何快炒蔬菜

快炒蔬菜要用大火，加热温度大约为200～250℃，加热时间不能超过5分钟。只有这样，才能防止蔬菜中的维生素和可溶性营养素流失，并减少叶绿素的流失，保持蔬菜质地的脆嫩，使其色泽翠绿，菜肴美味可口。

蔬菜巧去涩

萝卜、苦瓜等带有苦涩味的蔬菜，切好后加少量盐渍一下，滤出汁水再炒，苦涩味会明显减少。菠菜在开水中烫后再炒，可去苦涩味和草酸。

如何炒白菜能保持鲜香

在用植物油加盐炒白菜时，记得用开水点一下，这样炒出的菜质嫩色佳；同时，在炒白菜时加适量的醋，伴以猛火加热，也可保持白菜的鲜嫩。

豆皮炒青菜

📎 **材料** 豆皮30克，上海青75克

🧂 **调料** 盐2克，鸡粉少许，生抽2毫升，水淀粉2毫升，食用油适量

💬 **做法**

❶ 将豆皮切成小块；洗净的上海青切成小块。

❷ 热油锅中放入豆皮，炸至酥脆，将豆皮捞出，待用。

❸ 锅底留油，倒入上海青，翻炒片刻。

❹ 加入盐、鸡粉、清水；下入炸好的豆皮，翻炒均匀。

❺ 淋入少许生抽，翻炒至豆皮松软，倒入水淀粉勾芡。

❻ 将炒好的菜盛出，装入盘中即可。

☁️**制作指导** 上海青不经过焯水，炒制时可以多放些食用油，这样既可以保持其颜色鲜绿，吃起来也更加嫩脆。

☁️**营养功效** 上海青能有效增强宝宝的免疫能力。上海青还含有视黄醇（维生素A），这种物质可以保护视力。

西红柿炒秀珍菇

材料 西红柿90克，秀珍菇45克

调料 盐2克，鸡粉少许，白糖2克，食用油适量

做法

① 将洗净的西红柿切成小块；洗净的秀珍菇切成小块。

② 将盐、秀珍菇倒入沸水锅中，煮熟后沥水捞出，待用。

③ 用油起锅，倒入西红柿、秀珍菇、清水，翻炒出汁。

④ 加入盐、鸡粉、白糖，炒匀至入味。

⑤ 大火收汁，倒入水淀粉，速拌炒均匀至汤汁浓稠。

⑥ 炒好的菜盛出，装入碗中即可。

制作指导 秀珍菇放入开水锅中焯煮的时间不宜过长，否则容易导致秀珍菇营养物质的流失。

营养功效 秀珍菇含有较多的蛋白质、纤维素，是一种高蛋白、低脂肪的营养食物，是婴幼儿日常食物之佳选。

黄瓜炒土豆丝

材料 土豆120克，黄瓜110克，葱末、蒜末各少许

调料 盐3克，鸡粉、水淀粉、食用油各适量

做法 ①黄瓜、土豆切丝。②将盐、土豆丝倒入沸水锅中，煮至其断生，沥水捞出。③用油起锅，下入蒜末、葱末，用大火爆香。④倒入黄瓜丝，翻炒至出汁，再放入土豆丝，炒熟。⑤转小火，加入盐、鸡粉、水淀粉，炒入味。⑥关火后盛出，装在碗中即成。

制作指导 黄瓜易熟，切丝时最好切得粗一些，这样菜肴的口感才好。

芥蓝炒冬瓜

材料 芥蓝80克，冬瓜100克，胡萝卜40克，木耳35克，姜片、蒜末、葱段各少许

调料 盐4克，鸡粉2克，料酒4毫升，水淀粉、食用油各适量

做法 ①胡萝卜、木耳、冬瓜切片；芥蓝切段。②锅中注入适量清水烧开，放入适量食用油，加入盐，放入胡萝卜、木耳，搅匀，煮半分钟。③倒入芥蓝，搅匀，再放入冬瓜，煮1分钟，把焯好的食材捞出，待用。④用油起锅，放入姜片、蒜末、葱段，爆香，倒入焯好的食材，翻炒匀。⑤放入盐、鸡粉，淋入料酒，炒匀，倒入适量水淀粉，快速翻炒均匀。⑥将菜盛出，装盘即可。

西红柿炒冬瓜

🔴 **材料** 西红柿100克，冬瓜260克，蒜末、葱花各少许

🔵 **调料** 盐2克，鸡粉2克，食用油适量

🔵 **做法** ①冬瓜切片；西红柿切小块。②锅中注水烧开，倒入冬瓜，煮至其断生，沥水捞出，备用。③用油起锅，放入蒜末，翻炒出香味。④倒入西红柿，快速翻炒匀，放入焯过水的冬瓜，炒匀。⑤加入盐、鸡粉，炒匀调味，倒入少许水淀粉，快速翻炒均匀。⑥盛出炒好的食材，装入盘中，撒上葱花即可。

🔺 **制作指导** 冬瓜片可以切得稍微薄一点，这样更易炒得熟透。

韭菜炒西葫芦丝

🔴 **材料** 韭菜180克，西葫芦200克，红椒20克

🔵 **调料** 盐2克，鸡粉2克，水淀粉2毫升，食用油适量

🔵 **做法** ①洗净的韭菜切成段。②洗好的红椒切成丝。③洗净的西葫芦切成丝。④用油起锅，倒入切好的韭菜、红椒，翻炒匀，放入切好的西葫芦，翻炒至熟软。⑤加入盐、鸡粉，炒匀调味，淋入水淀粉，将锅中的食材翻炒均匀。⑥关火后把炒好的菜盛入盘中即可。

🔺 **制作指导** 西葫芦烹调时不宜炒得太烂，以免营养损失。

🥣 青椒炒茄子

🔵 **材料** 青椒50克，茄子150克，姜片、蒜末、葱段各少许

🔵 **调料** 盐2克，鸡粉2克，生抽、水淀粉、食用油各适量

🔵 **做法** ① 将茄子切片；青椒切块。② 将油、茄子倒入沸水锅中，搅匀。③ 倒入青椒，煮至断生，焯好后捞出。④ 将姜片、蒜末、葱段倒入油锅中，爆香，倒入焯过水的食材，翻炒匀。⑤ 加入鸡粉、盐、生抽、水淀粉，将锅中食材炒匀。⑥ 把炒好的食材盛出，装入盘中即成。

🥣 芦笋炒百合

🔵 **材料** 芦笋110克，彩椒50克，鲜百合45克，姜片、葱段各少许

🔵 **调料** 盐3克，鸡粉2克，料酒4毫升，水淀粉、食用油各适量

🔵 **做法** ① 将洗净去皮的芦笋切成小段；洗好的彩椒切开，再切成小块。② 锅中注入适量清水烧开，放入少许食用油、盐。③ 倒入芦笋段，放入彩椒块，再倒入洗净的百合，煮约1分钟，至全部食材断生后捞出。④ 用油起锅，放入姜片、葱段，用大火爆香，倒入焯煮好的食材，大火翻炒。⑤ 再淋入料酒，加入鸡粉、盐，炒匀调味，倒入少许水淀粉，翻炒至全部食材入味。⑥ 关火后盛出炒好的食材，装在盘中即成。

芥蓝腰果炒香菇

材料 芥蓝130克，鲜香菇、腰果各55克，红椒25克，姜片、蒜末、葱段各少许

调料 盐3克，鸡粉少许，白糖2克，料酒4毫升，水淀粉、食用油各适量

做法 ①香菇切丝；红椒切圈；芥蓝切段。②将油、盐、芥蓝段、香菇丝倒入沸水锅中，煮至其断生，沥水捞出。③用油起锅，放入姜片、蒜末、葱段，用大火爆香，倒入焯煮过的食材并淋入料酒，炒香炒透。④加入盐、鸡粉，撒上白糖，翻炒片刻至糖分溶化，再放入红椒圈，炒至全部食材熟透，倒入水淀粉勾芡，倒入炸好的腰果，炒匀。⑤关火后盛出炒制好的食材，放在盘中即可。

杏鲍菇炒香干

材料 杏鲍菇120克，香干100克，彩椒40克，芹菜30克，蒜末、葱段各少许

调料 盐2克，鸡粉2克，生抽4毫升，料酒10毫升，水淀粉4毫升，食用油适量

做法 ①香干、彩椒、芹菜、杏鲍菇切条。②锅中注入适量清水烧开，放入少许盐、食用油，倒入杏鲍菇，搅散，煮半分钟，捞出焯好的杏鲍菇，沥干水分，待用。③锅中注入适量食用油烧热，放入蒜末、葱段，爆香，倒入香干、彩椒，拌炒匀。④放入杏鲍菇、芹菜，淋入料酒，加入生抽、盐、鸡粉，炒匀调味。⑤倒入少许清水，略煮一会儿，淋入适量水淀粉，快速翻炒均匀。⑥关火后盛出锅中的食材，装盘即可。

马蹄炒肉片

材料 马蹄肉100克,猪瘦肉150克,红椒35克,姜片、蒜末、葱段各少许

调料 盐3克,鸡粉3克,料酒3毫升,水淀粉、食用油各适量

做法 ①马蹄肉、猪瘦肉切片;红椒切小块。②向肉片中加入盐、鸡粉、水淀粉、食用油腌渍至入味。③锅中注水烧开,放入盐,倒入切好的马蹄,煮半分钟至断生,放入切好的红椒,再煮半分钟至其七成熟,把焯好的马蹄和红椒捞出,待用。④用油起锅,放入姜片、蒜末、葱段,爆香,倒入腌好的肉片,翻炒至转色,淋入料酒,炒香。⑤放入焯过水的马蹄和红椒,拌炒匀,加入盐、鸡粉,炒匀调味,倒入水淀粉勾芡。⑥将炒好的菜盛出,装盘即可。

圆椒炒肉片

材料 猪瘦肉90克,圆椒60克,香菇45克,蒜末、葱段各少许

调料 盐、鸡粉各3克,蚝油4克,料酒4毫升,食用油适量

做法 ①圆椒切块、香菇切小丁块;瘦肉切片。②在肉片中放入盐、鸡粉、水淀粉、油,腌渍入味。③锅中注水烧开,将盐、油、香菇丁、圆椒块,煮至食材断生后沥水捞出。④用油起锅,放入蒜末、葱段,爆香,倒入腌渍好的肉片,翻炒匀,淋入适量料酒,炒匀提鲜,放入焯过水的香菇丁和彩椒块,炒匀。⑤再加入少许盐、鸡粉,炒匀调味,放入少许蚝油,用中火翻炒匀,至食材熟软、入味。⑥盛出装盘即成。

黄豆芽木耳炒肉

材料 黄豆芽100克，猪瘦肉200克，水发木耳40克，蒜末、葱段各少许

调料 盐4克，鸡粉2克，水淀粉8毫升，料酒10毫升，蚝油8克

做法 ①木耳切块，猪瘦肉切片，备用。②向肉片中加入盐、鸡粉、水淀粉，腌渍片刻。③锅中注水烧开，加入盐、木耳、食用油，煮半分钟，加入黄豆芽，再煮半分钟，将煮好的食材沥水捞出，备用。④用油起锅，倒入腌好的肉片，炒至变色，放入蒜末、葱段，翻炒出香味，倒入焯过水的木耳和黄豆芽，淋入料酒，炒匀。⑤加入盐、鸡粉、蚝油，炒匀调味，倒入水淀粉，炒匀。⑥关火后盛出炒好的菜肴，装入盘中即可。

肉末胡萝卜炒青豆

材料 肉末90克，青豆90克，胡萝卜100克，姜末、蒜末、葱末各少许

调料 盐3克，鸡粉少许，生抽4毫升，水淀粉、食用油各适量

做法 ①胡萝卜切成粒。②将盐、胡萝卜粒、青豆、油倒入沸水锅中。③再淋入食用油，煮约1分30秒，至食材断生后捞出，沥干水分，放在盘中，待用。④用油起锅，倒入备好的肉末，翻炒至其松散，待其色泽变白时倒入姜末、蒜末、葱末，炒香、炒透，再淋入生抽，拌炒片刻。⑤倒入焯煮过的食材，用中火翻炒匀，转小火，调入盐、鸡粉，再炒至全部食材熟透，淋入水淀粉，用中火炒匀。⑥关火后盛出，装盘即成。

茶树菇核桃仁小炒肉

材料 水发茶树菇70克，猪瘦肉120克，彩椒50克，核桃仁30克，姜片、蒜末各少许

调料 盐2克，鸡粉2克，生抽4毫升，料酒5毫升，芝麻油2毫升，水淀粉7毫升，食用油适量

做法

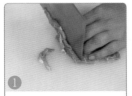

① 茶树菇切去老茎；彩椒、猪瘦肉切片，改切成条。

② 将瘦肉片中加入调料，拌匀，腌渍10分钟。

③ 将茶树菇、彩椒，倒入沸水锅中，煮好后沥水捞出，待用。

④ 热锅注油，放入核桃仁，炸出香味，沥油捞出，待用。

⑤ 锅底留油，倒入肉片、姜片、蒜末，炒匀。

⑥ 加入焯过水的食材、生抽、盐、鸡粉，炒匀调味。

⑦ 淋入适量水淀粉，快速翻炒均匀。

⑧ 将炒好的菜肴盛出，装入盘中，放上核桃仁即可。

蒜薹木耳炒肉丝

材料 蒜薹300克，猪瘦肉200克，彩椒50克，水发木耳40克

调料 盐3克，鸡粉2克，生抽6毫升，水淀粉、食用油各适量

做法

① 木耳切小块；彩椒、猪瘦肉切丝；蒜薹切段。

② 将肉丝中放入盐、鸡粉、水淀粉、油，腌渍至其入味。

③ 锅中注入适量清水烧开，放入少许食用油、盐。

④ 倒入切好的蒜薹、木耳块，大火焯煮约半分钟。

⑤ 再撒上彩椒丝，中火煮至食材断生，沥水捞出，待用。

⑥ 用油起锅，倒入肉丝，炒至其松散，淋入生抽，炒匀提味。

⑦ 倒入焯煮过的材料、鸡粉、盐、水淀粉，翻炒匀。

⑧ 关火后盛出炒好的菜肴，装入盘中即成。

芝麻辣味炒排骨

材料 白芝麻8克，猪排骨500克，干辣椒、葱花、蒜末各少许

调料 生粉20克，豆瓣酱15克，盐3克，鸡粉3克，料酒15毫升，辣椒油4毫升，食用油适量

做法

① 将猪排骨中放入盐、鸡粉、料酒、豆瓣酱，用手抓匀。

② 撒入适量的生粉，抓匀，使排骨裹匀生粉。

③ 将排骨倒入热油锅中，炸至金黄色，沥油捞出，备用。

④ 将蒜末、干辣椒、排骨、料酒、辣椒油倒入油锅中，炒匀。

⑤ 撒入葱花、白芝麻，拌匀，炒至其出香味。

⑥ 关火后盛出炒好的食材，装入盘中即可。

制作指导 排骨放入油锅后要搅散，以免粘在一起。

营养功效 猪排骨所富含的钙质可维护骨骼的健康。此外，猪排骨还具有滋阴壮阳、益精补血等功效。

韭菜炒猪血

材料 韭菜150克，猪血200克，彩椒70克，姜片、蒜末各少许

调料 盐4克，鸡粉2克，沙茶酱15克，水淀粉8毫升，食用油适量

做法

❶ 韭菜切段；彩椒切粒；猪血切小块，备用。

❷ 将盐、猪血块倒入沸水锅中，煮至其五成熟，沥水捞出。

❸ 用油起锅，放入姜片、蒜末，加入彩椒，炒香。

❹ 放入韭菜段，略炒片刻，加入沙茶酱，炒匀。

❺ 倒入猪血，加水、盐、鸡粉、水淀粉，炒匀。

❻ 盛出炒好的食材，装入盘中即可。

制作指导 韭菜含有的硫化物遇热易挥发，因此烹调韭菜时宜旺火快炒。

营养功效 韭菜含有维生素B₁、维生素C、胡萝卜素，具有补肾温阳、益肝健胃、润肠通便、行气理血等功效。

尖椒炒猪小肚

材料 卤猪小肚200克，青椒65克，红椒40克，姜片、蒜末、葱段各少许

调料 盐2克，鸡粉2克，料酒8毫升，生抽8毫升，豆瓣酱10克，水淀粉6毫升，食用油适量

做法 ①青椒、红椒、卤猪小肚切小块。②锅中注水烧开，放入食用油，倒入切好的青椒、红椒，搅匀，煮半分钟至其断生，捞出焯煮好的青椒和红椒，沥干水分，待用。③将姜片、蒜末、葱段倒入热油锅中，爆香。④倒入猪小肚，翻炒均匀，淋入料酒，炒香，放入焯过水的青椒、红椒，炒匀。⑤加入生抽、豆瓣酱、盐、鸡粉，炒匀调味，倒入水淀粉，炒匀。⑥关火后盛出，装盘即可。

木耳炒腰花

材料 猪腰200克，木耳100克，红椒20克，姜片、蒜末、葱段各少许

调料 盐3克，鸡粉2克，料酒5毫升，生抽、蚝油、水淀粉、食用油各适量

做法 ①红椒、木耳切块；猪腰切片。②将切好的猪腰装入碗中，放入少许盐、鸡粉、料酒，抓匀，倒入适量水淀粉，拌匀，腌渍10分钟至入味。③将油、木耳倒入沸水锅中，煮好后捞出。④用油起锅，放入姜片、蒜末、葱段，爆香，放入红椒，拌炒匀，倒入猪腰，炒匀，淋入料酒，放入木耳，炒匀。⑤加入适量生抽、蚝油、盐、鸡粉，炒匀调味，倒入适量水淀粉，拌炒匀。⑥将炒好的食材盛出，装入盘中即可。

🥣 青椒炒肝丝

🏷 **材料** 青椒80克，胡萝卜40克，猪肝100克，姜片、蒜末、葱段各少许

🥄 **调料** 盐3克，鸡粉3克，料酒5毫升，生抽2毫升，水淀粉、食用油各适量

🍳 **做法** ①胡萝卜、青椒、猪肝切丝。②将猪肝装入碗中，放少许盐、鸡粉、料酒，加水淀粉，抓匀，加适量食用油，腌渍10分钟至入味。③将油、盐、胡萝卜丝、青椒倒入沸水锅中，煮好后捞出。④用油起锅，放入姜片、蒜末、葱段，爆香，倒入猪肝，炒至转色，淋入料酒，炒香，倒入胡萝卜、青椒，拌炒匀。⑤放入适量盐、鸡粉，炒匀调味，淋入适量生抽，拌炒匀，倒入适量水淀粉，将锅中食材快速拌炒均匀。⑥把炒好的菜肴盛出，装盘即可。

🥣 丝瓜炒猪心

🏷 **材料** 丝瓜120克，猪心110克，胡萝卜片、姜片、蒜末、葱段各少许

🥄 **调料** 盐3克，鸡粉2克，蚝油5克，料酒4毫升，水淀粉、食用油各适量

🍳 **做法** ①丝瓜切块；猪心成片。②把猪心放在碗中，加入少许盐、鸡粉，淋入料酒，倒入水淀粉，拌匀，腌渍10分钟，至食材入味。③将油、丝瓜、猪心倒入沸水锅中，煮好后沥水捞出。④用油起锅，倒入胡萝卜片、姜片、蒜末、葱段，用大火爆香，放入丝瓜、猪心，快速炒匀。⑤再放入少许蚝油，加入鸡粉、盐，炒匀调味，倒入适量水淀粉，翻炒片刻，至全部食材入味。⑥关火后盛出炒好的菜肴，放在盘中即成。

酸豆角炒猪耳

材料 卤猪耳200克，酸豆角150克，朝天椒10克，蒜末、葱段各少许

调料 食用油、生抽、老抽、盐、鸡粉、水淀粉各适量

做法 ①用刀将酸豆角切成长段；然后再将朝天椒切成圈；卤猪耳切成片。②锅中注入适量清水烧开，倒入酸豆角，拌匀，略煮1分钟，减其酸味，捞出，沥干水分，待用。③锅中倒入适量食用油，再倒入猪耳，炒匀，加入生抽、老抽，炒香炒透。④撒上蒜末、葱段、朝天椒，炒出香味，倒入酸豆角，炒匀。⑤加入盐、鸡粉，炒匀调味，用水淀粉勾芡，续炒至食材入味。⑥关火后，盛出菜肴即可。

茶树菇炒腊肉

材料 茶树菇、蒜苗各90克，腊肉160克，红椒45克，姜末、蒜末、葱段各少许

调料 盐2克，鸡粉2克，料酒4毫升，生抽4毫升，水淀粉4毫升，食用油少许

做法 ①蒜苗、茶树菇切段；红椒切块；腊肉切片。②将腊肉、茶树菇倒入沸水锅中，煮好后捞出。③炒锅中倒入食用油烧热，倒入氽好的腊肉，炒至散出香味，放入姜末、蒜末、葱段，快速翻炒均匀，倒入氽煮过的茶树菇，炒匀，放入切好的蒜苗、红椒，翻炒片刻。④淋入料酒，翻炒匀，加入生抽、盐、鸡粉，翻炒至食材入味，倒入水淀粉，炒匀，使芡汁包裹食材。⑤把炒好的食材装入盘中即可。

萝卜干炒腊肠

🔄 **材料** 萝卜干70克,腊肠180克,蒜薹30克,葱花少许

⏲ **调料** 盐2克,豆瓣酱、料酒、鸡粉、食用油各适量

🍳 **做法** ①蒜薹、萝卜干切段;腊肠切片。②将蒜薹、萝卜干倒入沸水锅中,煮至其断生后沥水捞出。③起锅,倒入腊肠,炒至出油。④焯过水的蒜薹、萝卜干,加入豆瓣酱、料酒,炒香炒透。⑤放入鸡粉、盐,炒至食材入味。⑥关火后盛出炒好的食材,撒上葱花即可。

☁ **制作指导** 烹饪前,可用清水浸泡萝卜干,以去除其部分咸味。

尖椒火腿炒荷兰豆

🔄 **材料** 青椒75克,彩椒20克,荷兰豆40克,火腿120克,姜片、葱段各少许

⏲ **调料** 盐4克,料酒3毫升,鸡粉2克,水淀粉、食用油各适量

🍳 **做法** ①青椒、彩椒切小块;火腿切条。②将盐、油、彩椒、青椒、荷兰豆倒入沸水锅中,焯熟后捞出。③另起锅,注油烧至四成热,放入火腿,炸约1分钟至散出焦香味,捞出炸好的火腿,备用。④锅底留油,下入姜片、葱段,炒香,倒入青椒、彩椒、荷兰豆,放入火腿,炒匀。⑤淋入料酒,略炒,加入盐、鸡粉,炒匀调味,再倒入少许水淀粉,快速炒匀至入味。⑥起锅,盛出炒好的菜肴,装入盘中即可。

杏鲍菇炒火腿肠

📷 **材料** 杏鲍菇100克，火腿肠150克，红椒40克，姜片、葱段、蒜末各少许

🥄 **调料** 蚝油7克，盐2克，鸡粉2克，料酒5毫升，水淀粉4毫升，食用油适量

💬 **做法** ①杏鲍菇、火腿肠切片；红椒切段。②锅中注入适量清水烧开，加入少许盐、鸡粉、食用油；倒入杏鲍菇，搅拌匀，煮约半分钟至其断生，将杏鲍菇捞出，沥干水分，待用。③用油起锅，倒入蒜末、姜片，爆香；放入火腿肠，翻炒均匀。④倒入杏鲍菇、红椒块，快速翻炒均匀；淋入料酒，加入鸡粉、盐、蚝油，炒匀调味。⑤倒入少许水淀粉，翻炒均匀，放入葱段，翻炒出香味。⑥盛出装盘即可。

牛肉炒百合

📷 **材料** 牛肉180克，西芹80克，胡萝卜100克，鲜百合60克，姜片、蒜末、葱段各少许

🥄 **调料** 盐3克，鸡粉3克，生抽2毫升，水淀粉、料酒、食用油各适量

💬 **做法** ①西芹切段；胡萝卜、牛肉切片。②将牛肉片装入碗中，放入盐、鸡粉、生抽、水淀粉、食用油，腌渍10分钟至入味。③将油、盐、胡萝卜、西芹、百合煮好后捞出。④用油起锅，放入姜片、蒜末、葱段，爆香，倒入牛肉，拌炒匀，淋入适量料酒，炒香，放入焯好的食材，拌炒匀，放入适量盐、鸡粉，炒匀调味，倒入适量水淀粉勾芡。⑤盛出装盘即可。

小炒牛肉丝

材料 牛里脊肉300克，茭白100克，洋葱70克，青椒25克，红椒25克，姜片、蒜末、葱段各少许

调料 食粉3克，生抽5毫升，盐4克，鸡粉4克，料酒5毫升，水淀粉4毫升，豆瓣酱、食用油各适量

做法 ①洋葱、红椒、青椒、茭白、牛肉切丝。②将牛肉装入碗中，放入食粉、生抽、鸡粉、盐、水淀粉、食用油，腌渍入味。③将茭白丝、盐倒入沸水锅中，煮熟后捞出。④锅底留油，倒入姜片、葱段、蒜末，爆香，加入豆瓣酱，翻炒出香味，放入洋葱、青椒丝、红椒丝、茭白丝、牛肉丝，淋入料酒、生抽，放入盐、鸡粉，炒匀调味，加入水淀粉，炒至入味。⑤盛出装盘即可。

小笋炒牛肉

材料 竹笋90克，牛肉120克，青椒、红椒各25克，姜片、蒜末、葱段各少许

调料 盐3克，鸡粉2克，生抽6毫升，食粉、料酒、水淀粉、食用油各适量

做法 ①将竹笋、牛肉切片；红椒、青椒切小块。②把牛肉片装入碗中，加入食粉、生抽、盐、鸡粉、水淀粉、食用油，腌渍入味。③将竹笋片、青椒、红椒、调料倒入沸水锅中，煮至其断生后捞出。④用油起锅，放入姜片、蒜末，爆香，倒入牛肉片，炒匀，淋入适量料酒，炒香。⑤倒入焯好的竹笋、青椒、红椒，拌炒匀，加入生抽、盐、鸡粉、水淀粉，炒至全部食材熟透、入味。⑥关火，将炒好的材料盛入盘中即可。

西蓝花炒牛肉

材料 西蓝花300克，牛肉200克，彩椒40克，姜片、蒜末、葱段各少许

调料 盐、鸡粉各4克，生抽、料酒各10毫升，蚝油、水淀粉各10克，食粉、食用油各适量

做法

① 洗净的西蓝花、彩椒切成小块；洗净的牛肉切成片。

② 向牛肉片中放入生抽、盐、鸡粉、食粉，搅拌均匀。

③ 倒入水淀粉，搅拌均匀，加入食用油，腌渍10分钟。

④ 将盐、油、西蓝花倒入沸水锅中，煮好后捞出，装盘备用。

⑤ 将姜片、蒜末、葱段、彩椒、牛肉倒入热油锅中，炒熟。

⑥ 加入料酒、生抽、蚝油、鸡粉、盐，炒匀调味。

⑦ 倒入少许水淀粉，快速翻炒均匀。

⑧ 把炒好的牛肉片盛出，放在西蓝花上即可。

牛蒡炒牛肉丝

材料 牛肉120克，牛蒡100克，彩椒、胡萝卜、水发木耳各50克，姜片、蒜末、葱段各少许

调料 盐、鸡粉、蚝油、生抽、料酒、胡椒粉、白糖、水淀粉、芝麻油、食用油各适量

做法

① 牛肉、牛蒡、胡萝卜、彩椒切丝；木耳切小块。

② 肉片中拌料酒、鸡粉、盐，生抽、胡椒粉、水淀粉。

③ 注入少许芝麻油，拌匀，腌渍约10分钟，至其入味。

④ 将盐、油、胡萝卜丝、牛蒡丝倒入沸水锅中，煮约1分钟。

⑤ 再倒入木耳、彩椒丝，煮至食材断生后沥水捞出，待用。

⑥ 将牛肉片、姜片、蒜末、葱段、焯过水的食材倒入油锅炒熟。

⑦ 加入料酒、盐、白糖、蚝油、水淀粉，炒至入味。

⑧ 关火后盛出炒好的菜肴，装入盘中即成。

香干炒牛肚

材料 香干200克，牛肚170克，红椒35克，姜末、蒜末、葱段各少许

调料 盐2克，鸡粉2克、料酒8毫升，生抽8毫升，豆瓣酱12克，水淀粉、食用油各适量

做法

① 洗好的香干、牛肚、红椒均切成条。

② 将香干倒入热油锅中，炸出香味，沥油捞出，备用。

③ 锅底留油，放入姜末、蒜末、葱段、牛肚、料酒，炒匀。

④ 放入生抽、豆瓣酱、香干、红椒，然后翻炒匀。

⑤ 加入盐、鸡粉、水、水淀粉，翻炒使芡汁均匀。

⑥ 盛出炒好的食材，装入盘中即可。

制作指导 先将牛肚放入碱水中浸泡一会儿，可以使炒出的牛肚更脆嫩。

营养功效 牛肚具有补益脾胃、益气补血、补虚益精的功效，适合病后虚羸、气血不足、脾胃薄弱之人食用。

青椒炒鸡丝

材料 鸡胸肉150克，青椒55克，红椒25克，姜丝、蒜末各少许

调料 盐2克，鸡粉3克，豆瓣酱5克，料酒、水淀粉、食用油各适量

做法

❶ 将红椒、青椒、鸡胸肉用刀切成丝。

❷ 向鸡肉丝中放入少许盐、鸡粉、水淀粉、油，腌渍入味。

❸ 将油、红椒、青椒倒入沸水锅中，煮熟后捞出，备用。

❹ 将姜丝、蒜末爆香，鸡肉丝倒入热油锅中，炒至其变色。

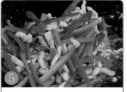

❺ 放入青椒、红椒、豆瓣酱、盐、鸡粉、料酒，将食材炒匀。

❻ 把炒好的材料盛出，装入碗中，即可。

制作指导 炒此菜时，豆瓣酱不宜加太多，以免影响鸡肉本身的鲜味。

营养功效 鸡肉有益气养血的功效。此外，鸡肉还很容易被人体吸收利用，适合糖尿病患者食用。

彩椒木耳炒鸡肉

材料 彩椒70克，鸡胸肉200克，水发木耳40克，蒜末、葱段各少许

调料 盐3克，鸡粉 3克，水淀粉8毫升，料酒10毫升，蚝油4克，食用油适量

做法 ①木耳、彩椒切块；鸡胸肉切片。②将鸡肉片装入碗中，加入少许盐、鸡粉，淋入适量水淀粉，拌匀，倒入食用油，腌渍10分钟，至其入味。③将盐、油、木耳、彩椒块倒入沸水锅中煮至断生后捞出。④用油起锅，放入蒜末、葱段，爆香，倒入腌好的鸡肉片，炒至变色，淋入料酒，炒匀提味，倒入焯过水的食材，翻炒匀，加入适量盐、鸡粉、蚝油，炒匀调味，淋入适量水淀粉，快速翻炒均匀。⑤关火盛出，装盘即可。

鸡丁炒鲜贝

材料 鸡胸肉180克，香干70克，干贝85克，青豆65克，胡萝卜75克，姜末、蒜末、葱段各少许

调料 盐5克，鸡粉3克，料酒4毫升，水淀粉、食用油各适量

做法 ①香干、胡萝卜、鸡胸肉切丁。②鸡丁装入碗中，放入少许盐、鸡粉、水淀粉、食用油，腌渍10分钟至入味。③将盐、青豆、油、香干、胡萝卜、干贝倒入沸水锅中，煮熟后捞出。④用油起锅，放入姜末、蒜末、葱段，爆香，倒入腌渍好的鸡肉，炒匀，淋入料酒，拌炒香，倒入焯过水的食材，翻炒匀，加入盐、鸡粉，快速将食材炒匀调味。⑤将食材盛出，装入盘中即成。

🥣 咖喱鸡丁炒南瓜

🔵 材料 南瓜300克，鸡胸肉100克，姜片、蒜末、葱段各少许

🔵 调料 咖喱粉10克，盐、鸡粉各2克，料酒4毫升，水淀粉、食用油各适量

🔵 做法 ①南瓜、鸡胸肉切丁。②把鸡肉丁放在碗中，加入鸡粉、盐、水淀粉、食用油，腌渍约10分钟至入味。③南瓜丁倒入热油锅中炸好后捞出。④用油起锅，放入姜片、蒜末，用大火爆香，倒入腌好的鸡肉丁，再淋入料酒，炒至鸡肉变色，注入清水，放入炸好的南瓜丁，用中火煮沸。⑤撒上咖喱粉，翻炒匀，加入鸡粉、盐，翻炒一会儿，至食材熟软，用大火收汁，倒入少许水淀粉，炒匀，撒入葱段，快速炒至断生。⑥关火后盛出，放在盘中即成。

🥣 胡萝卜炒鸡肝

🔵 材料 鸡肝200克，胡萝卜70克，芹菜65克，姜片、蒜末、葱段各少许

🔵 调料 盐3克，鸡粉3克，料酒8毫升，水淀粉3毫升，食用油适量

🔵 做法 ①芹菜切段；胡萝卜切条；鸡肝切片。②把鸡肝片装入碗中，放入少许盐、鸡粉、料酒，抓匀，腌渍10分钟至入味。③胡萝卜条、鸡肝片倒入沸水锅中，焯好后捞出。④用油起锅，放入姜片、蒜末、葱段，爆香，倒入鸡肝片，拌炒匀，淋入料酒，炒香，倒入胡萝卜、芹菜，翻炒匀，加入适量盐、鸡粉，炒匀调味，倒入适量水淀粉，勾芡。⑤将食材盛出，装盘即可。

尖椒炒鸡心

材料 鸡心100克,青椒60克,红椒25克,姜片、蒜末、葱段各少许

调料 豆瓣酱5克,盐、鸡粉各3克,料酒、生抽各4毫升,水淀粉、食用油各适量

做法 ①将青椒、红椒、鸡心切块。②把切好的鸡心放在碗中,加入盐、鸡粉、料酒、水淀粉,腌渍约10分钟至食材入味。③将油、青椒、红椒、鸡心倒入沸水锅中,煮至食材断生后捞出。④用油起锅,放入姜片、蒜末、葱段,用大火爆香,倒入氽烫好的鸡心,翻炒匀,淋上料酒,炒香。⑤再放入豆瓣酱、生抽,翻炒片刻,至散发出香辣味,倒入焯煮好的红椒和青椒,快速炒匀,加入盐、鸡粉,炒匀调味,倒入适量水淀粉勾芡。⑥关火后盛出菜肴,装盘即成。

双椒炒鸡脆骨

材料 鸡脆骨段200克,青椒20克,红椒15克,姜片、蒜末、葱段各少许

调料 料酒、盐、生抽、豆瓣酱、鸡粉、水淀粉各适量

做法 ①青椒、红椒切块。②锅中注入适量清水烧开,加入料酒、盐,倒入鸡脆骨段,略煮一会儿,拌匀,去除血渍,捞出,沥干水分,待用。③将姜片、蒜末、氽过水的材料、青红椒倒入热油锅中。④淋入料酒,炒匀提味,加入生抽、豆瓣酱,炒出香味,倒入青红椒,炒至变软。⑤注入少许清水,加入盐、鸡粉,炒匀调味,用水淀粉勾芡,至食材熟软。⑥撒上葱段,炒香炒透,关火后,盛出菜肴即可。

菠萝蜜炒鸭片

材料 鸭肉270克，菠萝蜜120克，彩椒50克，姜片、蒜末、葱段各少许

调料 盐、鸡粉、白糖、番茄酱、料酒、水淀粉、食用油各适量

做法 ①菠萝蜜果肉、彩椒切块；鸭肉切片。②将切好的鸭肉装入碗中，放入少许盐、鸡粉、水淀粉，搅拌匀，倒入适量食用油，腌渍10分钟，至其入味。③热锅注油，烧至四成热，倒入鸭肉，快速搅散，滑油至变色，将鸭肉捞出，沥干油，备用。④锅底留油，倒入姜片、蒜末、葱段、彩椒、菠萝蜜、滑过油的鸭肉。⑤淋入料酒，炒匀提鲜，加入适量盐、白糖、番茄酱，翻炒均匀，至食材入味。⑥关火后盛出炒好的菜肴，装盘即可。

酸豆角炒鸭肉

材料 鸭肉500克，酸豆角180克，朝天椒40克，姜片、蒜末、葱段各少许

调料 盐3克，鸡粉3克，白糖4克，料酒10毫升，生抽5毫升，水淀粉5毫升，豆瓣酱10克，食用油适量

做法 ①酸豆角切段；朝天椒切圈。②将酸豆角、鸭肉倒入沸水锅中，煮好后捞出。③用油起锅，放入葱段、姜片、蒜末、朝天椒，爆香，倒入鸭肉，快速翻炒匀，淋入料酒，放入豆瓣酱、生抽，炒匀。④加少许清水，放入酸豆角，炒匀，放入适量盐、鸡粉、白糖，炒匀调味，盖上盖，用小火焖20分钟至食材入味。⑤揭开盖，倒入少许水淀粉，翻炒均匀，盛出炒好的菜肴，装入盘中，放入葱段即可。

小米椒炒腊鸭

🔄 **材料** 腊鸭300克，香菜25克，朝天椒30克，蒜末少许

🧂 **调料** 鸡粉3克，料酒20毫升，豆瓣酱15克，水淀粉、食用油各适量

🍳 **做法** ①洗好的朝天椒切圈，待用；洗净的香菜切段。②锅中注入适量清水烧开，倒入腊鸭，淋入少许料酒，拌匀，汆去多余盐分，把腊鸭捞出，沥干水分，备用。③用油起锅，放入蒜末，爆香，放入朝天椒、腊鸭，快速翻炒匀。④淋入少许料酒，放入豆瓣酱、鸡粉，炒匀调味。⑤加入水淀粉，翻炒至其入味，倒入备好的香菜，拌炒至熟。⑥将炒好的菜肴盛出，装入盘中即可。

蒜薹炒鸭胗

🔄 **材料** 蒜薹120克，鸭胗230克，红椒5克，姜片、葱段各少许

🧂 **调料** 盐、鸡粉各3克，生抽7毫升，料酒7毫升，食粉、水淀粉、食用油各适量

🍳 **做法** ①蒜薹切段；红椒切丝；鸭胗切片。②切好的鸭胗装入碗中，加入生抽、盐、鸡粉、食粉、水淀粉、料酒，拌匀，腌渍约10分钟至其入味。③将油、盐、蒜薹、鸭胗倒入沸水锅中，焯煮好后捞出。④用油起锅，倒入红椒丝、姜片、葱段，爆香，放入汆过水的鸭胗，再加入生抽、料酒，炒匀提味，倒入焯过水的蒜薹，加少许盐，鸡粉，炒匀调味，倒入水淀粉，炒至食材入味。⑤关火后盛出炒好的菜肴即可。

胡萝卜炒蛋

材料 胡萝卜100克，鸡蛋2个，葱花少许

调料 盐4克，鸡粉2克，水淀粉、食用油各适量

做法 ①胡萝卜切粒。②鸡蛋打入碗中，调匀备用。③将盐、胡萝卜粒倒入沸水锅中，焯煮好后捞出。④把胡萝卜粒倒入蛋液中，加入适量盐、鸡粉、水淀粉，再撒入少许葱花，搅拌匀。⑤用油起锅，倒入调好的蛋液，搅拌，翻炒至成型。⑥将炒好的鸡蛋盛出，装盘即可。

制作指导 炒制鸡蛋时，要控制好火候，以免鸡蛋被烧焦，影响其口感。

枸杞叶炒鸡蛋

材料 枸杞叶70克，鸡蛋2个，熟枸杞10克

调料 盐2克，鸡粉2克，水淀粉4毫升，食用油适量

做法 ①将鸡蛋打入碗中，放入盐、鸡粉，调匀。②将调好的蛋液倒入热油锅中，炒熟盛出。③锅底留油，倒入枸杞叶，炒至熟软。④放入炒好的鸡蛋，加入盐、鸡粉，炒匀调味。⑤淋入少许水淀粉，快速翻炒匀。⑥关火后将炒好的菜肴盛出，放入熟枸杞即可。

制作指导 鸡蛋要炒两次，所以第一次炒时不宜炒太久，以免将鸡蛋炒老。

洋葱木耳炒鸡蛋

材料 鸡蛋2个，洋葱45克，水发木耳40克，蒜末、葱段各少许

调料 盐3克，料酒5毫升，水淀粉、食用油各适量

做法 ①洋葱切丝；木耳切块。②把鸡蛋打入碗中，加入盐、水淀粉，调匀，制成蛋液。③将油、盐、木耳倒入沸水锅中，焯好后捞出。④将蛋液倒入热油锅中，炒至七成熟，关火后盛出，装入碗中，待用。⑤锅底留油，放入蒜末，用大火爆香，倒入洋葱丝，翻炒至其变软，再放入焯煮过的木耳，淋入料酒，炒香后加入盐调味，倒入炒好的蛋液，翻炒片刻，至全部食材熟透。⑥撒上葱段，炒香后倒入水淀粉勾芡，使食材入味，关火后盛出炒好的食材，装入盘中即成。

蒜苗炒泥鳅

材料 泥鳅200克，蒜苗60克，红椒35克

调料 盐3克，鸡粉3克，生粉50克，料酒8毫升，生抽4毫升，水淀粉、食用油各适量

做法 ①将蒜苗切段；红椒切圈。②处理好的泥鳅装入碗中，加入料酒、生抽、盐、鸡粉、生粉，抓匀，使生粉均匀地粘裹在泥鳅上。③锅中倒入食用油，烧至六成热，放入泥鳅，炸2分钟至其酥脆，把炸好的泥鳅捞出，沥干油。④锅底留油，放入切好的蒜苗、红椒，炒香，再倒入炸好的泥鳅，翻炒片刻。⑤淋入料酒，翻炒片刻，加入生抽、盐、鸡粉，炒匀调味，倒入水淀粉，翻炒均匀。⑥盛出炒好的食材，装盘即可。

虾仁炒豆角

材料 虾仁60克，豆角150克，红椒10克，姜片、蒜末、葱段各少许

调料 盐3克，鸡粉2克，料酒4毫升，水淀粉、食用油各适量

做法 ①豆角切段；红椒切条；虾仁去除虾线。②将处理好的虾仁放在碗中，加入盐、鸡粉、水淀粉、食用油，腌渍入味。③锅中注水烧开，放入食用油、盐，倒入切好的豆角，煮约1分钟，至豆角变成翠绿色后沥水捞出，待用。④用油起锅，放入姜片、蒜末、葱段，爆香，倒入红椒、腌好的虾仁，再淋入料酒，翻炒至虾身变色。⑤倒入焯煮过的豆角，加入鸡粉、盐，炒匀调味，注入清水，收拢食材，略煮片刻，用水淀粉勾芡，炒至食材熟透。⑥盛出食材，装盘即成。

草菇丝瓜炒虾球

材料 丝瓜130克，草菇100克，虾仁90克，胡萝卜片、姜片、蒜末、葱段各少许

调料 盐3克，鸡粉2克，蚝油6克，料酒4毫升，水淀粉、食用油各适量

做法 ①草菇切块；丝瓜切段；虾仁去除虾线。②把切好的虾仁放在碗中，加入盐、鸡粉、水淀粉、食用油，腌渍入味。③将盐、油、草菇倒入沸水锅中，煮熟后捞出。④用油起锅，放入胡萝卜片、姜片、蒜末、葱段，大火爆香，倒入虾仁，再淋入料酒，炒香，放入丝瓜、草菇，炒至丝瓜出汁。⑤转中火，注入清水，收拢食材，倒入蚝油，翻炒出香味，加入盐、鸡粉，炒匀调味，倒入水淀粉勾芡。⑥关火后盛出菜肴，装盘即成。

丝瓜炒蟹棒

材料 丝瓜200克，彩椒80克，蟹柳130克，姜片、蒜末、葱段各少许

调料 料酒8毫升，水淀粉5毫升，盐2克，鸡粉2克，蚝油8克

做法 ①洗净去皮的丝瓜对半切开，切成条，再切小块；洗好的彩椒对切开，去子，切成条，再切小块；蟹柳剥去塑料皮，切成段，备用。②用油起锅，倒入姜片、蒜末、葱段，爆香，倒入切好的丝瓜、彩椒，快速翻炒匀。③放入少许盐、鸡粉，炒匀调味，倒入蟹柳，翻炒匀。④淋入适量料酒，炒匀提鲜，加入蚝油，翻炒均匀。⑤倒入适量水淀粉，快速翻炒均匀。⑥关火后盛出炒好的菜肴，装入盘中即可。

蛏子炒芹菜

材料 蛏子350克，芹菜100克，红椒40克，姜片、蒜末、葱段各少许

调料 盐、鸡粉各2克，料酒4毫升，蚝油、老抽、水淀粉、食用油各适量

做法 ①将洗净的芹菜切段；洗好的红椒切开，去子，切成丝。②锅中注水烧开，倒入蛏子，汆煮半分钟，去除杂质，把汆过水的蛏子捞出。③将蛏子放入碗中，倒入清水，把蛏子清洗干净，装盘待用。④用油起锅，放入姜片、蒜末、葱段，爆香，倒入芹菜、红椒、蛏子，淋入料酒，炒香。⑤加入适量盐、鸡粉、蚝油、老抽，炒匀调味，倒入适量水淀粉，拌炒均匀。⑥将炒好的食材盛出，装盘即可。

韭菜炒蛤蜊肉

材料 韭菜100克，彩椒40克，蛤蜊肉80克

调料 盐2克，鸡粉2克，生抽3毫升，食用油适量

做法 ①洗净的韭菜切成段。②洗好的彩椒切成条，备用。③锅中注入适量食用油烧热，倒入切好的彩椒、韭菜。④放入洗净的蛤蜊肉。⑤加入适量盐、鸡粉，淋入少许生抽，快速翻炒一会儿，至食材入味。⑥将炒好的食材盛出，装入盘中即可。

制作指导 这道菜不宜炒制过久，以免影响食材的鲜嫩口感。

紫苏豉酱炒丁螺

材料 丁螺350克，紫苏叶10克，豆豉20克，姜片、蒜末、葱段、红椒圈各少许

调料 豆瓣酱15克，盐2克，鸡粉少许，生抽5毫升，料酒7毫升，辣椒油10毫升，水淀粉、食用油各适量

做法 ①紫苏叶、豆豉切碎。②将丁螺倒入沸水锅中，大火煮至熟透，捞出后放入水中清洗。③用油起锅，放入姜片、蒜末、葱段，大火爆香，倒入红椒圈、豆豉末、紫苏叶，炒香。④倒入丁螺，再淋入料酒，炒香后放入豆瓣酱、生抽、盐、鸡粉，炒匀调味。⑤再放入少许辣椒油，注入清水，翻炒匀，用大火收汁，待汁水沸腾时倒入水淀粉，炒匀。⑥关火后盛出，装盘即成。

老黄瓜炒花蛤

材料 老黄瓜190克，花蛤230克，青椒、红椒各40克，姜片、蒜末、葱段各少许

调料 豆瓣酱5克，盐、鸡粉各2克，料酒4毫升，生抽6毫升，水淀粉、食用油各适量

做法

① 老黄瓜切成片；洗好的青椒、红椒切成小块。

② 锅中注入清水烧开，倒入洗净的花蛤，用大火煮片刻。

③ 捞出余好的花蛤，放入清水中，清洗干净，沥干后待用。

④ 用油起锅，放入姜片、蒜末、葱段，爆香。

⑤ 倒入黄瓜片、青椒、红椒、余好的花蛤，翻炒均匀。

⑥ 加入豆瓣酱、鸡粉、盐、料酒、生抽，炒匀、炒香。

⑦ 倒入少许水淀粉，翻炒一会儿，至食材熟透、入味。

⑧ 关火后盛出炒好的菜肴，装在盘中即成。

蛤蜊炒毛豆

材料 蛤蜊肉80克，水发木耳40克，毛豆80克，彩椒50克，蒜末、葱段各少许

调料 盐2克，鸡粉2克，料酒6毫升，水淀粉4毫升，食用油适量

做法

① 洗净的木耳切成小块；洗好的彩椒切条后，改切成块。

② 锅中注水烧开，放入盐、油、毛豆，略煮片刻。

③ 倒入木耳、彩椒，煮至八成熟，把食材沥水捞出，待用。

④ 用油起锅，倒入蒜末、葱段，爆香，放入蛤蜊肉，翻炒匀。

⑤ 倒入焯过水的食材，加入料酒、鸡粉、盐、水淀粉，炒匀。

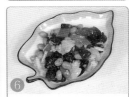

⑥ 关火后盛出炒好的菜肴，装入盘中即可。

制作指导 焯煮毛豆时，放些盐可以保持毛豆的翠绿。

营养功效 毛豆可以改善人体脂肪代谢，有助于降低人体中甘油三酯含量，可起到降血脂、降血压的作用。

鱿鱼炒三丝

🔁 材料　火腿肠90克，鱿鱼120克，鸡胸肉150克，竹笋85克，姜末、蒜末、葱段各少许

🔁 调料　盐3克，鸡粉4克，料酒7毫升，水淀粉、食用油各适量

🔁 做法

❶ 鸡胸肉、火腿肠、竹笋、鱿鱼切成丝。

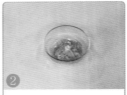

❷ 向鸡肉丝中加盐、鸡粉、水淀粉、油，腌渍入味。

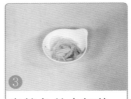

❸ 向鱿鱼丝中加盐、鸡粉、水淀粉、料酒，腌渍入味。

❹ 锅中注水烧开，放入盐、鸡粉、竹笋，煮至其断生。

❺ 放入鱿鱼，再煮半分钟，把竹笋和鱿鱼捞出，备用。

❻ 用油起锅，放入姜末、蒜末、葱段、鸡肉丝，炒至转色。

❼ 放入煮好的食材、火腿肠，加盐、鸡粉、水淀粉，炒入味。

❽ 将炒好的食材盛出，装盘即可。

Part 3

美味烧菜

……食的界定标准是不一样的，因此……不一样。不过，美食是不分贵贱的，……自己喜欢的，就可以称之为"美食"。你还在为外卖烧菜调料放多了而烦恼吗？你想随时一解馋虫吗？现在就和我们一起轻松学会美味的烧菜吧！

烧菜之道

烧菜是将原料在烧制之前，先起油锅，然后将原料放入锅内煸炒断生，再放入调味品和汤（或水），用温火烧至肉质酥烂，蔬菜鲜嫩，之后移至旺火上烧，促使汤汁浓稠的一种烹调方法。

烧菜有方法

烧适用于制作各种不同原料的菜肴，是厨房里最常用的烹饪法之一，根据其口味、色泽和汤汁多寡的不同，可分为红烧、干烧两种方式。

红烧

原料经过初步热加工后，调味时须放酱油，成熟后芡色为酱红色。红烧的方法适用于烹制红烧肉、红烧鱼、四喜肉丸等。要掌握的技法要点是：对主料作初步热处理时，切不可上色过重，过重会影响成菜的颜色；下酱油、糖调味上色，宜浅不宜深，调色过深会使成菜颜色发黑，味道发苦；红烧放汤时用量要适中，汤多则味淡，汤少则主料不容易烧透。

干烧

又称芡烧，主要是靠原料本身的胶汁烹制成芡，如烧鳗鱼、鲴鱼即用此法。干烧菜肴要经过长时间的小火烧制，以使汤汁渗入主料内。干烧菜肴一般见油不见汁，其特点是油大、汁紧、味浓。干烧要掌握的技法要点是：上色不可过重，否则烧制后的菜肴颜色发黑；要把汤汁烧尽。

烧菜火候有讲究

火候，是指菜肴烹调过程中所用的火力大小和时间长短。在烧制菜品过程中，决定菜品质量的关键为烹制菜品所用的火力大小和时间的长短。如果掌握不准火候，就会失掉烹制技法和菜品的风味特色。

火候与原料的关系

菜肴原料多种多样，烹调中的火候运用要根据原料质地来确定。软、嫩、脆的原料多用旺火速成，老、硬、韧的原料多用小火长时间烹调。但如果在烹调前通过初步加工改变了原料的质地和特点，那么火候运用也要改变。

火候的具体把握

原料情况不同，选用的火候也各不相同。质老、形大的原料用小火，时间要长；质嫩，形小的原料用旺火，时间要短；要求酥的菜品要用中火、旺火，时间长短不等。

烧菜有学问

千万别小看烧菜哦！一盘烧菜不仅能果腹，更是能增进你与家人、朋友关系的纽带。如何更好地让家人感受到你的心意，让原本平常的一道菜带来更多的欢乐？你需要深入了解烧菜的学问。

烧菜小技巧

烧菜用酒窍门

烧菜中用酒的最佳时间，是烹制菜肴过程中锅内温度最高的时候，如红烧鱼，要在煎制完成后立即放酒。在所有调料中，酒必须最早加入，这样才能最好地起到去腥保鲜的作用。

怎样烧肉更鲜香

烧肉时先将水烧开，然后下肉，就会使肉表面的蛋白质迅速凝固，肉中大部分油脂和蛋白质留在肉内，烧出的肉块味道更鲜美。如果用冷冻肉，必须用冷水先将冻肉化开，忌用热水，否则不仅会使肉中维生素受到破坏，还会使肉细胞遭到破坏而失去鲜味。

烧骨头汤更鲜美

将洗净的猪、牛、羊骨或蹄爪与冷水同时下锅，用文火烧，使水沸而不腾。烧煮过程中，不要中途加水，以防止蛋白质受冷骤凝，使骨中或肉中的成分不易渗出。也不要过早放盐和酱油等调味品，因为这些东西会使肉骨内部的水分排出，加剧蛋白质的凝固，影响汤

的鲜味。

你也可以调出美味

调味是烧菜的技术关键之一。只要慢慢地掌握其规律与方法，并与火候巧妙地结合，你也可以调出色、香、形俱好的佳肴。

因料调味

新鲜的鸡、鱼、虾和蔬菜等，其本身具有特殊鲜味，调味不应过量，以免掩盖天然的鲜美滋味。腥膻气味较重的原料，调味时应酌量多加些去腥解腻的调味品，以便减恶味、增鲜味。

因人调味

烧菜时，在保持地方菜肴风味特点的前提下，还要注意就餐者的不同口味，做到因人制菜。

调料优质

这里的"优质调料"有一个含义，就是在烹制什么地方的特色菜肴时，就采用当地的著名调料，这样才能使菜肴风味足具。

青豆烧茄子

材料 青豆200克，茄子200克，蒜末、葱段各少许

调料 盐3克，鸡粉2克，生抽6毫升，水淀粉、食用油各适量

做法 ①茄子切丁块。②将盐、油、青豆倒入沸水锅中，煮好后捞出。③热锅注油，烧至五成热，倒入茄子丁，轻轻搅拌匀，炸约半分钟，至其色泽微黄，捞出炸好的茄子，沥干油，待用。④锅底留油，放入蒜末、葱段，用大火爆香，倒入焯过水的青豆，再放入炸好的茄子丁，快速炒匀。⑤加入少许盐、鸡粉，炒匀调味，淋入少许生抽，翻炒至食材熟软，再倒入适量水淀粉，用大火翻炒匀，至食材熟透。⑥关火后盛出炒好的食材，装入盘中即成。

红烧小土豆

材料 小土豆400克，姜片、蒜末、葱花各少许

调料 豆瓣酱10克，鸡粉2克，白糖3克，水淀粉4毫升，食用油适量

做法 ①热锅注油，烧至五成热，放入去皮洗净的小土豆。②调成小火，炸至土豆呈金黄色，捞出炸好的土豆，沥干油，待用。③锅底留油，放入姜片、蒜末，爆香，加入适量豆瓣酱，炒出香味。④倒入少许清水，调匀，煮至沸，放入鸡粉、白糖，炒匀调味。⑤倒入炸好的小土豆，用小火焖至食材入味。⑥揭开盖子，淋入适量水淀粉，快速翻炒均匀，关火后盛出锅中的食材，装入盘中，撒上葱花即可。

芹菜烧马蹄

📥 **材料** 芹菜梗90克，马蹄肉120克

🧂 **调料** 盐2克，生抽3毫升，水淀粉、食用油各适量

🥘 **做法** ①芹菜梗切段；马蹄肉切片。②将油、马蹄肉、芹菜段倒入沸水锅中。③煮至食材断生后捞出。④用油起锅，倒入焯煮好的食材，用大火翻炒片刻，加入少许盐，淋入适量生抽，炒匀调味。⑤再倒入少许水淀粉，翻炒一会儿，至食材熟软、入味。⑥关火后盛出炒好的食材，装入盘中即成。

💬 **制作指导** 马蹄肉色泽白皙，调味时不宜用老抽，以免破坏菜肴的美观。

彩椒木耳烧花菜

📥 **材料** 花菜130克，彩椒70克，水发木耳40克，姜片、葱段各少许

🧂 **调料** 盐、鸡粉各3克，蚝油5克，料酒4毫升，水淀粉、食用油各适量

🥘 **做法** ①木耳、彩椒切块；花菜切小朵。②锅中注入适量清水烧开，加入少许盐、鸡粉，倒入木耳块，略煮一会儿。③放入切好的花菜，煮1分30秒，再放入彩椒块，煮约半分钟，至食材断生后沥水捞出，待用。④用油起锅，放入姜片、葱段，爆香，倒入焯过水的食材，淋入少许料酒，炒匀提味。⑤加入适量鸡粉、盐、蚝油，炒匀调味，倒入适量水淀粉，炒至食材熟透。⑥关火后盛出炒好的食材，装入盘中即成。

丝瓜烧板栗

材料 板栗140克，丝瓜130克，彩椒40克，姜片、蒜末各少许

调料 盐4克，鸡粉2克，蚝油5克，水淀粉、食用油各适量

做法 ①板栗对半切开；丝瓜、彩椒切块。②将盐、板栗倒入沸水锅中，煮至断生后捞出。③用油起锅，放入姜片、蒜末，爆香，倒入焯过水的板栗，翻炒匀，注入适量清水。④加入少许盐、鸡粉、蚝油，拌匀调味，盖上盖，用大火煮沸，转小火焖煮约5分钟，至板栗熟软。⑤揭盖，倒入丝瓜块、彩椒块，轻轻翻动，用小火续煮约2分钟，至食材熟透，转大火收汁，倒入适量水淀粉，快速翻炒匀，至汤汁收浓。⑥关火后盛出食材，装盘即成。

茄汁烧花菜

材料 花菜250克，圣女果25克，蒜末、葱花各少许

调料 盐3克，白糖6克，番茄酱20克，水淀粉、食用油各适量

做法 ①花菜切小朵；圣女果切块。②将盐、油、花菜倒入沸水锅中，煮至断生后捞出。③用油起锅，倒入蒜末、清水、白糖、盐、番茄酱，拌至糖分融化。④倒入水淀粉，放入花菜，使其均匀地沾上味汁。⑤关火后盛出，放在盘中，摆上圣女果，撒上葱花即成。

制作指导 花菜翻炒匀后可以用小火焖煮片刻，以使食材更入味。

红薯烧南瓜

🔄 **材料** 红薯、南瓜各120克，葱花少许

🔽 **调料** 盐2克，鸡粉2克，食用油适量

🔄 **做法** ①洗好去皮的南瓜切条块，改切成丁。②洗净去皮的红薯切条块，改切成丁。③锅中注入适量食用油烧热，倒入切好的红薯、南瓜，翻炒匀。④加入适量清水，盖上盖，用小火焖10分钟。⑤揭开盖，放入适量盐、鸡粉，炒匀调味，用大火收汁，快速翻炒片刻。⑥关火后将锅中食材盛出，装入盘中，撒上葱花即可。

⚠ **制作指导** 红薯含有淀粉，容易粘锅，要不时翻动以防止其粘锅。

川味烧萝卜

🔄 **材料** 白萝卜400克，红椒35克，白芝麻4克，干辣椒15克，花椒5克，蒜末、葱段各少许

🔽 **调料** 盐2克，鸡粉1克，豆瓣酱2克，生抽4毫升，水淀粉、食用油各适量

🔄 **做法** ①将洗净去皮的白萝卜切段，再切片，改切成条形；洗好的红椒斜切成圈，备用。②用油起锅，倒入花椒、干辣椒、蒜末，爆香，放入白萝卜条，炒匀。③加入豆瓣酱、生抽、盐、鸡粉，炒至熟软，注入适量清水，炒匀。④盖上盖，烧开后用小火煮10分钟至食材入味。⑤揭盖，放入红椒圈，炒至断生，用水淀粉勾芡，撒上葱段，炒香。⑥关火后盛出，撒上白芝麻即可。

西芹烧豆腐

🥢 **材料** 豆腐180克，西芹100克，胡萝卜片、蒜末、葱花各少许

🧂 **调料** 盐3克，鸡粉2克，老抽少许，生抽5毫升，水淀粉、食用油各适量

👨‍🍳 **做法**

❶ 将洗净的西芹切条段；洗好的豆腐切成小方块。

❷ 将盐、豆腐块倒入沸水锅中，轻轻搅拌匀，煮约1分钟。

❸ 倒入胡萝卜片，煮至全部食材断生后沥水捞出，待用。

❹ 将蒜末、西芹、焯煮好的豆腐、胡萝卜倒入油锅中，炒匀。

❺ 注入水、生抽盐、鸡粉、老抽，用小火焖煮至食材熟透。

❻ 倒入水淀粉，炒至入味，关火后盛出，撒上葱花即成。

🔺 **制作指导** 焯煮豆腐时加入少许食用油，能更好地去除豆腐的酸涩味。

🔺 **营养功效** 豆腐是一种高蛋白、低脂肪的食品，比较适合高血脂、高血压病患者食用。

油麦菜烧豆腐

材料 豆腐200克，油麦菜100克，蒜末少许

调料 盐3克，鸡粉2克，生抽5毫升，水淀粉、食用油各适量

做法

① 将洗净的油麦菜切成段；洗好的豆腐切开，再切成小方块。

② 将盐、豆腐块倒入沸水锅中，煮好后沥水捞出，待用。

③ 用油起锅，放入蒜末、油麦菜，用大火翻炒至其变软。

④ 倒入豆腐块、清水、生抽、盐、鸡粉，小火煮至熟软。

⑤ 转大火收汁，倒入水淀粉，快速翻炒片刻，至食材熟透。

⑥ 关火后盛出锅中的食材，装入盘中即成。

制作指导 烧煮此菜时，中途要不时轻轻翻动食材，以免煳锅。

营养功效 油麦菜中含有甘露醇等有效成分，有利尿和促进血液循环的作用。

姜汁芥蓝烧豆腐

📥 **材料** 芥蓝300克，豆腐200克，姜汁40毫升，蒜末、葱花各少许

🍶 **调料** 盐4克，鸡粉4克，生抽3毫升，老抽2毫升，蚝油8克，水淀粉8毫升，食用油适量

🍽 **做法**

❶ 洗净的芥蓝切成段；洗好的豆腐切开，改切成小块。

❷ 锅中注水烧开，倒入姜汁、油、盐、鸡粉。

❸ 倒入芥蓝，煮至六成熟，将其沥水捞出，装盘，待用。

❹ 将盐、豆腐块放入热煎锅中，煎至两面金黄，取出装盘。

❺ 油锅中放入蒜末、水以及除淀粉以外的调料，拌匀。

❻ 用淀粉勾芡，把芡汁浇在豆腐和芥蓝上，撒上葱花即成。

☁ **制作指导** 可以用刀在芥蓝梗上划上小口，这样更易入味。

☁ **营养功效** 芥蓝所含的粗纤维，能促进肠胃蠕动，有利于体内毒素的排出，从而达到瘦身排毒的效果。

家常豆豉烧豆腐

材料 豆腐450克，豆豉10克，蒜末、葱花各少许，彩椒25克

调料 盐3克，生抽4毫升，鸡粉2克，辣椒酱6克，食用油适量

做法

❶ 洗净的彩椒切成小丁；洗好的豆腐切成小方块。

❷ 将盐、豆腐块倒入沸水锅中，煮至无酸味，沥水捞出。

❸ 用油起锅，倒入豆豉、蒜末，爆香，放入彩椒丁，炒匀。

❹ 倒入豆腐块、水、盐、生抽、鸡粉、辣椒酱，拌匀调味。

❺ 用大火煮至食材入味，倒入水淀粉，拌匀至汤汁收浓。

❻ 关火后盛出炒好的食材，装入盘中，撒上葱花即可。

制作指导 焯过水的豆腐可以过一次凉开水，这样可以使其口感更佳。

营养功效 豆腐含有铁、镁、钙、锌等营养元素，常食可补中益气、降血压、降血糖、清热润燥、生津止渴。

🥣 红烧猴头菇

🔄 **材料** 大白菜200克，水发猴头菇80克，竹笋80克，姜片、葱段各少许

🧂 **调料** 盐3克，鸡粉3克，蚝油8克，料酒10毫升，水淀粉5毫升，食用油适量

🍳 **做法** ①竹笋、猴头菇切块；大白菜切段。②锅中注入适量清水烧开，放入少许盐、鸡粉、料酒，倒入切好的竹笋、猴头菇，焯煮1分钟。③加入大白菜，拌匀，再煮1分钟，将焯好的食材捞出，沥干水分，备用。④用油起锅，放入姜片、葱段，爆香，倒入焯过水的食材，翻炒均匀，淋入料酒，炒匀提味，放入适量蚝油、鸡粉。⑤加入少许盐，均匀调味，倒入少许清水，炒匀，淋入适量水淀粉，快速翻炒均匀。⑥盛出炒好的食材，装入盘中即可。

🥣 红烧香菇杏鲍菇

🔄 **材料** 杏鲍菇90克，香菇60克，彩椒50克，姜片、葱段各少许

🧂 **调料** 盐、鸡粉各3克，白糖2克，蚝油5克，老抽2毫升，料酒4毫升，水淀粉、食用油各适量

🍳 **做法** ①彩椒切块；香菇、杏鲍菇切片。②将盐、鸡粉、切好的食材、油，煮至食材断生后捞出。③用油起锅，放入姜片、葱段，爆香，倒入焯过水的食材，淋入少许料酒，炒匀提味。④再加入少许盐、鸡粉、白糖，倒入少许老抽，放入适量蚝油，用中火翻炒一会儿，至食材渗出水分。⑤淋入少许水淀粉，转大火炒匀，至汤汁收浓。⑥关火后盛出食材，装盘即成。

🥣 香菇肉酱烧豆腐

材料 豆腐200克，肉末60克，香菇50克，葱花少许

调料 盐3克，鸡粉2克，老抽2毫升，料酒4毫升，生抽5毫升，豆瓣酱10克，辣椒粉6克，水淀粉、芝麻油、食用油各适量

做法 ①香菇、豆腐切块。②将盐、鸡粉、豆腐块、香菇丁倒入沸水锅中，焯煮好后捞出。③用油起锅，倒入肉末，翻炒匀，至其变色，淋入料酒，炒匀提味，再放入生抽、辣椒粉、豆瓣酱，炒香。④注入清水，再放入老抽、盐、鸡粉、焯过水的食材，轻轻翻炒，再用中火煮约1分钟，至食材入味。⑤转大火收汁，倒入水淀粉勾芡，淋入芝麻油，快速炒匀，至汤汁收浓。⑥关火后盛出，撒上葱花即成。

🥣 魔芋烧肉片

材料 魔芋350克，猪瘦肉200克，泡椒20克，姜片、蒜末、葱花各少许

调料 盐、鸡粉各3克，豆瓣酱10克，料酒4毫升，生抽5毫升，水淀粉、食用油各适量

做法 ①魔芋、猪瘦肉切片。②把肉片装入碗中，放入盐、鸡粉、水淀粉、食用油，腌渍入味。③将盐、魔芋片倒入沸水锅中，焯煮好后捞出。④用油起锅，倒入腌渍好的肉片，炒至变色，淋入料酒，炒香，再放入姜片、蒜末、泡椒、豆瓣酱，炒出香辣味。⑤再放入焯过水的魔芋片，转小火，加入鸡粉、盐、豆瓣酱，用中火炒匀调味，倒入水淀粉，炒至入味。⑥关火后盛出菜肴，点缀上葱花即成。

🥣 口蘑烧白菜

⊕ 材料 口蘑90克，大白菜120克，红椒40克，姜片、蒜末、葱段各少许

🔒 调料 盐3克，鸡粉2克，生抽2毫升，料酒4毫升，水淀粉、食用油各适量

💬 做法 ①口蘑切片；大白菜、红椒切块。②锅中注入适量清水烧开，加入少许鸡粉、盐，倒入口蘑，搅匀，煮约1分钟，再倒入大白菜、红椒，搅匀，续煮约半分钟，至全部食材断生后捞出，沥干水分，待用。③用油起锅，放入姜片、蒜末、葱段，爆香，倒入焯煮好的食材，翻炒均匀。④淋入少许料酒，加入鸡粉、盐，翻炒匀，再倒入少许生抽，翻炒至食材入味。⑤倒入适量水淀粉，翻炒至食材熟透。⑥关火后盛出炒好的食材，装盘即成。

🥣 莲藕海带烧肉

⊕ 材料 莲藕200克，海带100克，猪腱肉200克，八角6克，姜片、葱段各少许

🔒 调料 白糖4克，水淀粉、生抽各6毫升，老抽2毫升，料酒8毫升，食用油适量

💬 做法 ①莲藕、猪腱肉切丁；海带切段。②将海带、藕丁、白醋倒入沸水锅中，焯煮好后捞出。③用油起锅，放入姜片、葱段、八角，爆香，倒入肉丁，翻炒至变色，淋入料酒、生抽、老抽，均匀上色。④加入白糖，炒匀调味，倒入适量清水，煮至沸腾，加入焯过水的食材，翻炒均匀，盖上盖，用小火焖20分钟，至熟透入味。⑤揭开盖，用大火收汁，倒入适量水淀粉，快速翻炒均匀。⑥盛出焖煮好的食材，装盘，放上葱段即可。

芋仔烧五花肉

材料 芋仔250克，五花肉300克，姜片、蒜末、葱段各少许

调料 白糖5克，盐、鸡粉各3克，老抽2毫升，生抽、水淀粉、食用油各适量

做法 ①将五花肉切块，装盘待用。②热锅注油，烧至五成热，倒入芋仔，炸1分30秒至其断生，把炸好的芋仔捞出，备用。③锅底留油，倒入肉块，炒至转色，放入适量白糖、盐、鸡粉，炒匀调味，放入姜片、蒜末、葱段，拌炒香。④倒入老抽，炒匀上色，加生抽，拌炒匀，注入清水，放入炸好的芋仔，盖上盖，用小火焖20分钟至食材熟透。⑤揭盖，用大火收汁，倒入水淀粉勾芡。⑥盛出装盘，放上葱段即可。

肉末香菇烧豆腐

材料 豆腐200克，肉末80克，香菇50克，彩椒40克，蒜末少许

调料 盐、鸡粉各3克，料酒、生抽各6毫升，水淀粉、芝麻油、食用油各适量

做法 ①豆腐、香菇切块；彩椒切粒。②将盐、香菇块、豆腐块倒入沸水锅中，焯煮好后捞出。③用油起锅，放入肉末，用大火炒至松散，倒入蒜末、焯过水的香菇，炒匀，淋入料酒，炒匀提味，倒入焯过水的豆腐块、彩椒粒，翻炒匀。④注入清水，翻动食材，放入生抽、盐、鸡粉，用中小火煮约1分钟，至食材入味。⑤转大火收汁，倒入水淀粉勾芡，淋入芝麻油，炒至汤汁收浓，关火后盛出炒好的菜肴，装盘即成。

🥣 干豆角烧肉

🔄 **材料** 五花肉250克，水发豆角120克，八角3克，桂皮3克，干辣椒2克，姜片、蒜末、葱段各适量

🎱 **调料** 盐2克，鸡粉2克，白糖4克，老抽2毫升，黄豆酱10克，料酒10毫升，水淀粉4毫升，食用油适量

◎ **做法** ①豆角切段；五花肉切丁。②将豆角倒入沸水锅中，焯好后捞出。③用油起锅，倒入切好的五花肉，小火炒出油脂，加放入白糖、八角、桂皮、干辣椒、姜片、葱段、蒜末、爆香。④淋入老抽、料酒，炒匀提味，放入黄豆酱、焯过水的豆角、清水，煮至沸。⑤加入盐、鸡粉，炒至入味，盖上盖，烧开后转小火焖约20分钟，至食材熟软。⑥倒入水淀粉，炒入味后盛出，装盘即可。

🥣 红烧慈姑排骨

🔄 **材料** 排骨段400克，慈姑100克，八角、香叶、姜片、蒜末、葱段各少许

🎱 **调料** 盐、鸡粉各2克，白糖3克，蚝油10克，老抽3毫升，生抽5毫升，料酒10毫升，水淀粉、食用油各适量

◎ **做法** ①将慈姑切块。②将排骨段、料酒倒入沸水锅中，氽好后捞出。③将其余食材和排骨段倒入油锅中，爆香。④淋入适量料酒，炒匀提味，再放入少许生抽、蚝油、老抽，炒匀上色。⑤注入适量清水，倒入切好的慈姑，加入少许盐、鸡粉、白糖，炒匀调味，盖上盖，用小火焖煮约10分钟，至食材熟软。⑥倒入水淀粉，翻炒片刻，关火后盛出焖煮好的菜肴，装盘即成。

🥣 西红柿烧排骨

材料 西红柿90克，排骨350克，蒜末、葱花各少许

调料 盐2克，白糖5克，番茄酱10克，生抽、料酒、水淀粉、食用油各适量

做法 ①西红柿切块。②锅中注入适量清水，用大火烧开，放入洗净的排骨，加入料酒，用大火烧热，煮至沸，氽去血水，将氽过水的排骨捞出，备用。③用油起锅，放入蒜末，爆香，倒入排骨，炒匀，加料酒、生抽，拌匀。④注入适量清水，放入番茄酱、盐、白糖，炒匀调味，盖上盖，用小火焖煮15分钟至排骨熟透。⑤揭盖，放入西红柿，拌匀，盖上盖，用小火焖煮3分钟至熟。⑥揭盖，倒入水淀粉，炒匀，将焖煮好的材料盛出，撒上葱花即可。

🥣 魔芋烧排骨

材料 排骨段350克，魔芋200克，姜片、葱段、蒜末、八角、干辣椒各少许，火锅底料20克

调料 盐2克，鸡粉2克，料酒8毫升，豆瓣酱、水淀粉、食用油各适量

做法 ①魔芋切块。②将排骨段倒入沸水锅中，煮好后捞出。③用油起锅，倒入姜片、葱段、蒜末，爆香，放入八角、干辣椒，炒出香味，倒入氽过水的排骨段，炒匀。④淋入料酒，炒匀提味，加入豆瓣酱，炒香，放入火锅底料，炒匀，倒入魔芋块，注入少许清水，拌匀。⑤放入少许盐、鸡粉，拌匀，盖上锅盖，煮开后焖15分钟至排骨熟软。⑥揭盖，倒入水淀粉，关火后盛出菜肴即可。

香菇烧火腿

材料 鲜香菇65克，火腿90克，姜片、蒜末、葱段各少许

调料 料酒5毫升，生抽3毫升，盐3克，鸡粉4克，水淀粉、食用油各适量

做法

① 洗好的香菇用斜刀切成片；洗净的火腿用斜刀切成菱形片。

② 将盐、鸡粉、香菇倒入沸水锅中，焯煮好后捞出。

③ 将火腿片倒入热油锅中，炸好的火腿沥油捞出。

④ 所有食材入油锅，加料酒、生抽、盐、鸡粉，拌匀。

⑤ 倒入水、水淀粉，葱叶，快速翻炒匀，至食材入味。

⑥ 关火后将炒好的食材盛出，装入盘中即可。

制作指导 炸火腿时油温不要太高，以免炸煳。

营养功效 香菇含有膳食纤维、维生素B₁等营养成分，具有补肝肾、健脾胃、益气血、益智安神、美容养颜等功效。

西红柿烧牛肉

材料 西红柿90克，牛肉100克，姜片、蒜片、葱花各少许

调料 盐、鸡粉、白糖各3克，番茄汁15克，料酒、水淀粉各3毫升，食粉、食用油适量

做法

① 将洗净的西红柿对半切开，切块；洗好的牛肉切成片。

② 牛肉片中加盐、鸡粉、水淀粉、油，拌匀腌渍10分钟。

③ 将姜片、蒜片、牛肉片下油锅，炒片刻，淋入料酒，炒香。

④ 下入西红柿、水，盐、白糖，盖上盖子，用中火焖熟。

⑤ 揭盖，放入番茄汁，翻炒至食材入味。

⑥ 关火，将炒好的菜盛出，装入碗中，放入葱花即可。

制作指导 烹调西红柿的时间不宜过长，烹调时可加少许醋，能有效破坏其所含的有害物质番茄碱。

营养功效 西红柿具有健胃消食、清热解毒及防治多种疾病的食疗价值，且营养丰富，对婴幼儿的身体健康有益。

川辣红烧牛肉

🔄 **材料** 卤牛肉、土豆、大葱、干辣椒、香叶、八角、蒜末、葱段、姜片各适量

🥄 **调料** 生抽5毫升，老抽2毫升，料酒4毫升，豆瓣酱10克，水淀粉、食用油各适量

✅ **做法**

① 将卤牛肉切条形，再切成小块；把洗净的大葱用斜刀切段。

② 洗好去皮的土豆切片，再切成大块。

③ 将土豆倒入热油锅中，炸呈金黄色，沥油捞出，待用。

④ 锅底留油，倒入干辣椒、香叶、八角、蒜末、姜片，炒香。

⑤ 放入卤牛肉，炒匀，加入适量料酒、豆瓣酱，炒香。

⑥ 放入生抽、老抽、水，盖上盖，煮20分钟，至其入味。

⑦ 揭盖，倒入土豆、葱段，盖上盖，用小火续煮至食材熟透。

⑧ 揭盖，拣出香叶、八角，用水淀粉勾芡，关火后盛出即可。

陈皮牛肉烧豆角

材料 陈皮10克，豆角180克，红椒35克，牛肉200克，姜片、蒜末、葱段各少许

调料 盐3克，鸡粉2克，料酒3毫升，生抽4毫升，水淀粉、食用油各适量

做法

① 将洗净的豆角切成小段；洗好的红椒切开，去子，再切丝。

② 洗净的陈皮切成丝；好的牛肉切开，再切成片。

③ 向牛肉片中放入陈皮丝、生抽、盐、鸡粉，拌匀。

④ 倒入水淀粉，拌匀上浆，注入油，腌渍约10分钟至入味。

⑤ 将油、豆角、盐倒入沸水锅中，煮至其断生后捞出，待用。

⑥ 将牛肉片和辅料倒入油锅，淋入料酒，炒香、炒透。

⑦ 倒入豆角，炒熟后加入鸡粉、盐、生抽，炒匀调味。

⑧ 用水淀粉勾芡，翻炒入味，关火后盛出，装盘即成。

红烧牛肉

材料 牛肉300克，冰糖15克，干辣椒6克，花椒3克，桂皮、八角、葱段、姜片、蒜末各少许

调料 食粉、盐、鸡粉各3克，生抽7毫升，水淀粉15毫升，陈醋6毫升，料酒10毫升，豆瓣酱7克，食用油适量

做法 ①牛肉切片。②向牛肉片中加入食粉、盐、鸡粉、生抽、水淀粉、食用油，腌渍入味。③将牛肉片汆煮好后备用。④将牛肉片倒入热油锅中，滑油半分钟后沥油捞出。⑤锅底留油烧热，放入姜片、蒜末、干辣椒、花椒、八角、桂皮、冰糖、炸好的牛肉、料酒、生抽、豆瓣酱、陈醋、盐、鸡粉、水，煮至沸，中火焖至食材熟软。⑥再倒入水淀粉，入味后盛出，撒上葱段即可。

葱烧牛舌

材料 牛舌150克，葱段25克，姜片、蒜末、红椒圈各少许

调料 盐3克，鸡粉3克，生抽4毫升，料酒5毫升，水淀粉、食用油各适量

做法 ①将牛舌倒入沸水锅中，煮至其断生，捞出。②去掉牛舌表面的薄膜，切片。③加入少许鸡粉、盐，再倒入适量水淀粉，拌匀，注入适量食用油，腌渍约10分钟，至食材入味。④用油起锅，放入姜片、蒜末、红椒圈，用大火爆香，倒入腌好的牛舌，快速翻炒匀。⑤淋入料酒、生抽、盐、鸡粉，翻炒片刻，至全部食材熟透，撒上葱段，翻炒出葱香味。⑥关火后盛出炒好的菜肴，装在盘中即成。

青豆烧鸡块

材料 鸡腿90克，青豆60克，彩椒50克，香菇35克，八角、花椒、姜片、葱段各少许

调料 盐、鸡粉各2克，料酒5毫升，生抽8毫升，水淀粉、食用油各适量

做法 ①将彩椒、香菇、鸡腿切块。②将鸡块倒入沸水锅中，煮好后捞出。③将鸡腿、香菇、八角、花椒、姜片、葱段倒入油锅中。④淋入少许料酒，再放入适量生抽，炒匀，倒入洗净的青豆，注入适量清水，加入少许盐、鸡粉，炒匀，盖上盖，煮沸后用小火煮约3分钟，至食材熟软。⑤揭开盖，放入彩椒块，略炒几下，转大火收汁，倒入适量水淀粉，快速翻炒匀，至食材熟透。⑥关火盛出装盘即成。

土豆烧鸡块

材料 鸡块400克，土豆200克，八角、花椒、姜片、蒜末、葱段各少许

调料 盐2克，鸡粉2克，料酒10毫升，生抽10毫升，蚝油12克，水淀粉5毫升，食用油适量

做法 ①土豆切块。②将鸡块倒入沸水锅中，汆煮好后捞出。③用油起锅，放入葱段、蒜末、姜片，倒入八角、花椒，放入鸡块、翻炒均匀，淋入料酒，炒出香味。④放入生抽、蚝油，翻炒片刻，倒入土豆块，翻炒匀，加入少许盐、鸡粉，倒入适量清水，盖上盖，用小火焖15分钟，至食材熟透。⑤揭盖，用大火收汁，淋入水淀粉，用锅铲翻炒均匀。⑥关火后盛出食材，装盘即可。

青豆烧冬瓜鸡丁

材料 冬瓜230克，鸡胸肉200克，青豆180克

调料 盐3克，鸡粉2克，料酒5毫升，水淀粉、食用油各适量

做法 ①冬瓜、鸡胸肉切丁。②把鸡肉丁装入碗中，加入少许盐、鸡粉，拌匀，再倒入少许水淀粉，拌匀上浆，注入适量食用油，腌渍约10分钟，至其入味。③将盐、油、青豆倒入沸水锅中，煮至食材断生后捞出。④用油起锅，放入腌渍好的鸡肉丁，快速翻炒匀，至肉质松散，淋入少许料酒，炒匀提鲜。⑤倒入青豆和冬瓜，翻炒匀，加入少许鸡粉、盐，炒匀调味，再淋入适量水淀粉，用中火快速翻炒匀，至食材熟透。⑥关火后盛出炒好的菜肴，装入盘中即成。

魔芋结烧鸡翅

材料 魔芋结150克，鸡翅170克，姜末、蒜末、葱末各少许

调料 盐2克，鸡粉少许，老抽2毫升，生抽5毫升，料酒4毫升，水淀粉、食用油各适量

做法 ①鸡翅斩成块。②把鸡块放入碗中，淋入生抽、料酒、盐，腌渍入味。③将姜末、蒜末、鸡翅倒入油锅中，淋入料酒，炒香。④再加入清水、生抽、老抽、盐、鸡粉，拌匀调味，盖上盖，煮沸后用小火焖煮至鸡翅六成熟。⑤揭盖后倒入魔芋结，炒匀，盖好盖，小火续煮至全部食材熟透，揭盖后倒入水淀粉勾芡，撒上葱末，翻炒至断生。⑥关火后盛出即成。

白芍鸭肉烧冬瓜

材料 冬瓜300克，鸭肉400克，白芍8克，姜片、葱花各少许

调料 料酒18毫升，生抽5毫升，蚝油8克，盐2克，鸡粉2克，水淀粉5毫升，食用油适量

做法 ①冬瓜切块。②将白芍倒入砂锅中，煮至释放出有效成分，把药汁盛出。③将鸭块汆煮好后捞出。④用油起锅，放入姜片，爆香，倒入汆过水的鸭块，略炒片刻，放入料酒、生抽、蚝油、水、药汁、切好的冬瓜，拌匀，盖上盖，烧开后用小火焖15分钟，至食材熟透。⑤揭开盖子，用大火收汁，放入少许盐、鸡粉，炒匀调味，淋入适量水淀粉，快速翻炒均匀。⑥关火后盛出，撒上葱花即可。

鹅肉烧冬瓜

材料 鹅肉400克，冬瓜300克，姜片、蒜末、葱段各少许

调料 盐、鸡粉各2克，水淀粉、料酒、生抽各10毫升，食用油适量

做法 ①将冬瓜切块。②将鹅肉倒入沸水锅中，汆煮好后捞出。③用油起锅，放入姜片、蒜末，爆香，倒入汆过水的鹅肉，快速翻炒均匀，淋入料酒、生抽，炒匀提味。④加入少许盐、鸡粉，倒入适量清水，炒匀，煮至沸，盖上盖，用小火焖20分钟，至食材熟软。⑤揭盖，放入冬瓜块，焖至食材软烂。⑥揭开盖，转大火收汁，倒入水淀粉，快速翻炒均匀，关火后盛出炒好的菜肴，装入盘中即可。

红烧龟肉

🔵 **材料** 乌龟肉块600克，冰糖30克，枸杞10克，花椒、姜片、葱段各少许

🔵 **调料** 盐2克，蚝油7克，老抽3毫升，料酒10毫升，鸡汁15毫升，水淀粉、食用油各适量

🔵 **做法**

① 将乌龟块倒入沸水锅中，淋入料酒，煮好后沥水捞出。

② 油锅中下入姜片、葱段、花椒、肉块，用料酒提味。

③ 放入蚝油、老抽，炒香。加水、枸杞、冰糖，拌匀。

④ 用大火煮沸，加入盐、鸡汁，转小火煮至食材入味。

⑤ 揭盖，转大火收汁，倒入水淀粉，炒匀，至汤汁收浓。

⑥ 关火后盛出烧制好的菜肴，装入盘中，摆好盘即成。

🔵 **制作指导** 龟肉的腥味较重，汆水时料酒可以适当多用一些，这样能改善菜肴的口感。

🔵 **营养功效** 乌龟肉有补气益肾、健脾养血的作用。女性适量食用龟肉，有调经润肤的作用。

豆瓣烧鱼尾

材料 鳙鱼尾150克，姜丝、蒜末、葱花各少许

调料 盐、鸡粉各、豆瓣酱、料酒、生抽、老抽、水淀粉、生粉、食用油各适量

做法

❶ 把处理好的鱼尾切上"十"字花刀。

❷ 将鱼尾中放入生抽、料酒、盐、鸡粉、生粉，抹匀。

❸ 热油锅中，放入鱼尾，炸至金黄色，沥油捞出，备用。

❹ 锅底留油，倒入备好的姜丝、蒜末、水，搅匀，煮至沸。

❺ 把汤汁浇在鱼尾上，煮至入味后盛出，汤汁勾芡。

❻ 把调好的稠汁浇在鱼尾上，撒上葱花即可。

制作指导 如果鱼头一次吃不完，可以将余下的鱼头清洗干净，擦干水分，用保鲜膜包好，放入冰箱冷冻保存。

营养功效 鳙鱼具有祛头眩、补虚劳、祛风寒、益筋骨、健脾利肺的功效，对咳嗽、水肿、肝炎等症有食疗作用。

黄花菜木耳烧鲤鱼

材料 鲤鱼、水发黄花菜、水发木耳、八角、香叶、姜丝、蒜末、葱段各适量

调料 盐、鸡粉、白糖、胡椒粉、老抽、生抽、料酒、水淀粉、芝麻油、食用油各适量

做法

❶ 将洗净的木耳切小块；洗好的黄花菜切除蒂部。

❷ 在处理干净的鲤鱼两面切上花刀，待用。

❸ 将黄花菜、木耳倒入沸水锅中，焯煮好后沥干捞出。

❹ 将鲤鱼下油锅，煎至两面焦黄色，关火后盛出，装盘待用。

❺ 放姜丝、蒜末、葱段、八角、香叶、煮好的食材和料酒。

❻ 放水、鲤鱼、除料酒和水淀粉外的调料，将鱼肉煮熟。

❼ 撒上胡椒粉，倒入水淀粉勾芡，至汤汁收浓，再淋上芝麻油。

❽ 关火后盛出烧制好的菜肴，装入盘中即成。

紫苏烧鲤鱼

材料 鲤鱼1条，紫苏叶30克，姜片、蒜末、葱段各少许

调料 盐4克，鸡粉3克，生粉20克，生抽5毫升，水淀粉10毫升，食用油适量

做法

① 洗净的紫苏叶切成段，备用。

② 鲤鱼上撒上盐、鸡粉，抹匀，再撒上生粉，腌渍片刻。

③ 将腌渍好的鲤鱼放入热油锅中，炸至金黄色后盛出，备用。

④ 再放姜片、蒜末、葱段、水、生抽、盐、鸡粉，拌匀。

⑤ 放入鲤鱼、紫苏叶，煮至熟软，把煮好的鲤鱼捞出。

⑥ 把汤汁加热，淋入水淀粉勾芡，将芡汁浇在鱼身上即可。

制作指导 宰杀好的鲤鱼可先用厨房用纸擦干再腌渍，这样用油炸时就不容易溅出油。

营养功效 鲤鱼具有补脾健胃、利水消肿、通乳、清热解毒等功效。

干烧鳝段

材料 鳝鱼肉120克，水芹菜20克，蒜薹50克，泡红椒20克，姜片、葱段、蒜末、花椒各少许

调料 生抽5毫升，料酒4毫升，水淀粉、豆瓣酱、食用油各适量

做法 ①洗净的蒜薹切长段；洗好的水芹菜切成段②宰杀洗净的鳝鱼切花刀，用斜刀切成段。③锅中注水烧开，倒入鳝鱼段，拌匀，略煮一会儿，汆煮至变色，捞出汆煮好的鳝鱼，备用。④用油起锅，倒入姜片、葱段、蒜末、花椒，爆香，放入鳝鱼段、泡红椒，炒匀，加入适量生抽、料酒、豆瓣酱，炒匀炒香。⑤倒入切好的水芹菜、蒜薹，炒至断生，倒入适量水淀粉，快速翻炒匀，至食材熟软入味。⑥关火后盛出炒好的菜肴即可。

蒜烧黄鱼

材料 黄鱼400克，大蒜35克，姜片、葱段、香菜各少许

调料 盐3克，鸡粉2克，生抽8毫升，料酒8毫升，生粉35克，白糖3克，蚝油7克，老抽2毫升，食用油适量

做法 ①大蒜切片；黄鱼切"一"字花刀。②将黄鱼装入盘中，放入盐、生抽、料酒，将鱼身抹匀，腌渍15分钟，撒上生粉。③热油锅中放入黄鱼，炸至金黄后捞出。④锅底留油，放入蒜片、姜片、葱段，爆香，加入清水、盐、鸡粉、白糖、生抽、蚝油、老抽，煮至沸。⑤放入炸好的黄鱼，煮2分钟至入味，将黄鱼盛出，装入盘中。⑥锅中淋入水淀粉，调成浓汤汁，盛出后浇在黄鱼上，放上香菜即可。

🥄 酱烧鲳鱼

🟢 材料 净鲳鱼400克，甜面酱20克，泰式甜辣酱40克，蒜末、姜片、葱段各少许

🔵 调料 盐3克，鸡粉2克，生粉15克，老抽2毫升，料酒5毫升，生抽6毫升，水淀粉、食用油各适量

⚫ 做法 ①将鲳鱼抹上盐。②加入鸡粉、料酒、生抽，拌匀腌渍，最后拍上生粉，静置10分钟，去除腥味。③热油锅中放入鲳鱼，炸熟后捞出。④用油起锅，放入姜片、蒜末，大火爆香，放入清水、盐、鸡粉、泰式甜辣酱、甜面酱、生抽、老抽，拌匀，大火煮至汤汁沸腾。⑤倒入炸好的鲳鱼，浇上汤汁，小火续煮至鱼肉入味，将煮好的鲳鱼盛出，放在盘中，待用。⑥余汤勾芡，关火后盛出调好的稠汁，浇在鱼身上，再撒上葱段即成。

🥄 参杞烧海参

🟢 材料 水发海参130克，上海青45克，竹笋40克，枸杞、党参、姜片、葱段各少许

🔵 调料 盐3克，鸡粉4克，蚝油5克，生抽5毫升，料酒7毫升，水淀粉、食用油各适量

⚫ 做法 ①竹笋切薄片；上海青洗净对半切开；海参洗净切片。②锅中注水烧开，淋入食用油，倒入上海青，加入少许盐，煮至断生捞出；放入海参、竹笋、料酒、鸡粉，煮至食材断生捞出。③用油起锅，倒入姜片、葱段，爆香，放入党参、海参、竹笋，翻炒匀，淋入料酒，炒匀。④倒入清水，撒上枸杞，加入盐、鸡粉、耗油，炒匀调味。⑤淋入少许生抽、水淀粉，翻炒至食材入味。⑥将上海青摆入盘中，盛出炒好的海参，装入盘中即可。

干贝烧海参

🍲 **材料** 水发海参140克，干贝15克，红椒圈、姜片、葱段、蒜末各少许

🥄 **调料** 豆瓣酱10克，盐3克，鸡粉2克，蚝油4克，料酒5毫升，水淀粉、食用油各适量

🍽 **做法**

❶ 洗净的海参切成小块；洗净的干贝拍碎，压成细末。

❷ 锅中注入清水烧开，加入鸡粉、盐，淋入料酒。

❸ 再倒入切好的海参，煮约2分钟，焯好后沥水捞出，待用。

❹ 热油锅中放入干贝末，炸至食材熟软后沥油捞出，待用。

❺ 油锅中放入姜片、葱段、蒜末、红椒圈，炒匀。

❻ 放入海参和除水淀粉外的调料，炒至食材熟透。

❼ 倒入适量水淀粉，用中火翻炒一会儿，至食材入味。

❽ 关火后盛出炒好的菜肴，撒上干贝末即可。

Part 4

健康炖煮

炖煮这种方式不仅能够削减人们对油、盐的摄取，还较好地保留食材中的营养成分，是最健康的烹饪方法。但是有时候，很多人又不免会产生烦恼，如何让"无味"的炖煮也能有滋有味呢？接下来让我们一起享受鱼与熊掌兼得的乐趣吧！

炖煮之道

炖煮的方式，在很大程度上保留了食材中的营养成分，展现了食材的原汁原味，是非常健康的烹饪方法。但问题也随之而来，炖煮的菜肴往往味道清淡，怎样调味才能满足人们的口腹之欲呢？

炖煮方法

炖煮是指先加调味蔬菜如葱、姜等，然后加主料略炒，再加入大量的清汤（水）和调味品，盖盖，在小火上慢慢煮到酥烂的烹饪方式。炖煮在习惯上一般分为隔水炖煮和不隔水炖煮两种。

隔水炖煮

将焯烫过的原料放入容器中，加汤水和调料，密封，置于水锅中或蒸锅上，用开水或蒸汽进行长时间加热的技法。其技术要领是，炖时保证锅内不能断水，如锅内水不足，必须及时补水，直到原料熟透变烂为止，这个过程可能需要三四个小时。

不隔水炖煮

将原料放入开水当中烫去血污和异味，再放入砂锅内，加足清水和调料，加盖密封，烧开后改用小火长时间加热，调味成菜的技法，即为不隔水炖煮。此法切忌用旺火久烧，只要水一烧开就要转入小火炖，否则汤色就会变白，失去菜汤清亮的特色。

怎样炖煮清香入味

蔬菜炖煮加花椒

首先烧半锅开水，按个人口味加入香辛料，如几粒花椒或白胡椒。沸腾后，加入青菜再煮两三分钟，关火捞出，这样炖煮出的蔬菜更加清香。

香料去腥提味

炖煮肉类时，为了除掉或掩盖动物性原料（如牛羊肉及内脏）的腥、臊、膻、臭等异味，可将八角、花椒、胡椒、桂皮、陈皮、杏仁、甘草、小茴香、孜然等各种香料或调味品按一定比例搭配好，放入纱布口袋中与肉同炖，既能除异味又能使其香气渗进菜肴中。

微火慢煮

微火又叫小火，适合质地老硬韧的主料。微火炖煮的烹饪时间较长，可使菜肴酥、烂，味道醇厚。如炖煮肉、排骨时要用小火，且食材块越大，火要越小，这样才能让热量、调料渗进食材，达到里外都软烂、鲜香入味的效果。

各式食材炖煮技巧

炖煮是中国人烹饪中的一大特色，但是你知道吗，同样是炖煮，不同食材有不同的炖煮方法，采用不同的炖煮方法才能将不同食材炖煮出不同的风味，才能将不同食材的营养尽数释放。

炖煮猪肚

猪肚炖煮熟后，切成长块，放入碗内，加上一些汤，放锅里蒸，长块的猪肚便会加厚一倍。不过，切忌放盐，以防猪肚变硬。

炖煮骨头汤

炖煮骨头汤时，在水开后加少许醋，使骨头里的磷、钙溶解在汤内，这样做出来的汤，既味道鲜美，又便于肠胃吸收。

炖煮牛肉

在头天晚上将牛肉涂上一层芥末，第二天洗净后加少许醋煮；或用纱布包一小撮茶叶，与牛肉一同炖煮，都可使牛肉易熟快烂。

炖煮鱼

真正好吃的鱼，不能盖上盖子煮，要用旺火炖煮，这样鱼皮遇热收缩，就不会掉下来；为了让色泽更好，一般要加些番茄酱；如果使用猪油，用猪板油煎鱼，可以去腥；最好不要放水，可用啤酒代替水来炖鱼。

巧煮面条

煮水面时，若在水面加一汤匙油，面条就不会粘锅，还能防止面汤起泡沫溢出锅外。煮挂面时不要等水沸后下面，正确的做法是，当锅底有小气泡往上冒时就下面，搅动几下，盖锅煮沸，适量加冷水，再盖锅煮沸就熟了。这样煮面，面柔而汤清。

巧煮蔬菜

一般叶菜类不耐久煮，水煮久了，营养成分流失也多，这也是西方人习惯吃生菜的原因之一。但有些蔬菜必须久煮，肠胃才能消化，像含淀粉质较高的芋头、山药、地瓜等；有些根茎类如胡萝卜等，可带皮烹煮，因为外皮可防止内部养分汽化或溶解于水。

西芹炒南瓜

🥦 **材料** 南瓜200克，西芹60克，蒜末、姜丝、葱末各少许

🧂 **调料** 盐2克，鸡粉3克，水淀粉、食用油各适量

🍳 **做法**

① 将洗好的西芹切小块；洗净去皮的南瓜切成片。

② 锅中倒入清水烧开，加入盐、鸡粉，再淋入食用油。

③ 倒入南瓜，用勺拌煮约1分钟，至其五成熟。

④ 将西芹放入锅中，煮至断生，焯煮好后沥水捞出。

⑤ 用油起锅，倒入蒜末、姜丝、葱末，爆香。

⑥ 倒入南瓜和西芹，翻炒一会儿。

⑦ 加入盐、鸡粉，炒匀，倒入水淀粉，炒匀至全部食材入味。

⑧ 起锅，将炒好的西芹和南瓜盛入碗中即可。

土豆炖油豆角

材料 土豆300克，油豆角200克，红椒40克，蒜末、葱段各少许

调料 豆瓣酱15克，盐2克，鸡粉2克，生抽5毫升，老抽3毫升，水淀粉5毫升，食用油适量

做法

① 油豆角切段；土豆切丁；红椒切成小块。

② 热油锅中倒入土豆，炸至金黄色，沥油捞出，待用。

③ 锅底留油，放入蒜末、葱段、油豆角，炒至转色。

④ 加入炸好的土豆，放入水、豆瓣酱，加少许盐、鸡粉。

⑤ 淋入生抽、老抽，炒匀调味，盖上盖，用小火焖5分钟。

⑥ 揭开盖子，加入红椒，炒匀，盖上盖子，略焖片刻。

⑦ 揭盖，用大火收汁，淋入适量水淀粉，快速翻炒匀。

⑧ 关火后盛出炒好的食材，装入碗中即可。

香菇炖豆腐

材料 鲜香菇60克，豆腐200克，姜片、葱段各少许

调料 盐2克，白糖4克，鸡粉2克，蚝油10克，生抽5毫升，料酒4毫升，水淀粉4毫升，食用油适量

做法 ①豆腐切块；香菇切片。②锅中注水烧开，放入香菇，煮好后沥水捞出，备用。将切好的豆腐倒入沸水锅中，煮好后沥水捞出备用。③用油起锅，放入姜片、葱段，爆香，倒入焯过水的香菇，翻炒均匀。④再放入豆腐块，淋入料酒，炒匀，倒入适量清水，煮至沸。⑤加入适量生抽、蚝油、盐、白糖、鸡粉，炒匀，煮2分钟，至食材入味。⑥倒入水淀粉，炒匀，关火后盛出炒好的食材，装入盘中，撒上葱段即可。

雪里蕻炖豆腐

材料 雪里蕻220克，豆腐150克，肉末65克，姜末、葱花各少许

调料 盐少许，生抽2毫升，老抽1毫升，料酒2毫升，食用油适量

做法 ①雪里蕻切碎末；豆腐切块。②将盐、豆腐块倒入沸水锅中，焯煮好后捞出。③用油起锅，倒入肉末，炒至变色，淋入生抽，炒香，撒上姜片，炒匀。④淋放入料酒、切碎的雪里蕻，炒至变软，加入少许清水，倒入豆腐块，炒匀，转中火略煮。⑤加老抽、盐，炒匀调味，续煮一会儿至入味，转大火收汁，倒入水淀粉勾芡，翻炒匀，至食材入味。⑥关火后将锅中的食材装入碗中，撒上葱花即可。

竹荪黄花菜炖瘦肉

材料 猪瘦肉130克，水发黄花菜120克，水发竹荪90克，姜片、花椒各少许

调料 盐、鸡粉各2克，料酒4毫升

做法 ①竹荪切段；黄花菜去根部；瘦肉切块。②将花椒、姜片放入砂锅中。③倒入瘦肉块、黄花菜、竹荪。④淋入料酒，拌匀，去除腥味。⑤盖上盖，煮沸后用小火炖煮20分钟，至食材熟透。⑥揭盖，加入盐、鸡粉，拌匀调味。⑦再转大火略煮片刻，至汤汁入味。⑧关火后盛出汤料，装入汤碗中即成。

制作指导 竹荪可切得长一些，以免将其煮老了，影响汤汁的口感。

猪肉炖豆角

材料 五花肉200克，豆角120克，姜片、蒜末、葱段各少许

调料 盐2克，鸡粉2克，白糖4克，南乳5克，水淀粉、料酒、生抽、食粉、老抽各适量

做法 ①豆角切段。②将食粉、豆角倒入沸水锅中，煮熟后捞出。③烧热炒锅，放入五花肉、姜片、蒜末、南乳，炒匀。④放入料酒、白糖、生抽、老抽、清水、鸡粉、盐，炒匀，盖上盖，用小火焖20分钟，至五花肉熟烂，揭盖，放入豆角，搅匀。⑤再盖上盖，用小火焖4分钟，至全部食材熟透，揭盖，用大火收汁，倒入水淀粉勾芡，放入葱段，炒出葱香味。⑥盛出装盘即可。

冰糖炖蹄花

材料 猪蹄400克，冰糖40克，姜块、葱段、红曲米、八角各少许

调料 白醋10毫升，料酒15毫升，盐2克，生抽10毫升，食用油适量

做法 ①锅中倒入适量清水烧开，加入适量白醋、料酒，放入洗净斩好的猪蹄，用勺搅匀。撇去锅中的浮沫，捞出氽好的猪蹄，沥干水分，备用。②炒锅注油烧热，放入姜块、八角、葱段，爆香，再倒入氽好的猪蹄，快速翻炒匀。③加入适量料酒、生抽，炒匀调味，倒入适量清水，放入红曲米，搅拌均匀。④加入适量冰糖、盐，搅拌一会儿，盖上锅盖，用小火焖40分钟。⑤揭盖，转大火收至汤汁浓稠，关火后挑去姜块、葱段。⑥把炒好的猪蹄盛入盘中即可。

霸王花炖猪肚

材料 熟猪肚120克，猪骨90克，水发霸王花300克，薏米50克，姜片少许

调料 盐3克，鸡粉2克，料酒20毫升

做法 ①猪肚切条；霸王花切段。②将料酒、猪骨倒入沸水锅中，氽煮好好后捞出。③将薏米、姜片、猪肚、猪骨、料酒倒入沸水锅中。④将薏米、姜片、猪肚、猪骨、料酒倒入沸水锅中。⑤揭盖，加入适量盐、鸡粉，搅匀调味，关火后盛出炖煮好的食材，装入碗中即可。

制作指导 在切熟猪肚时可以把上面肥油切掉，这样煲出的汤口感更清爽。

山药炖猪小肚

材料 山药160克，猪小肚270克，白果50克，枸杞15克，姜片、葱花各少许

调料 盐3克，鸡粉2克，胡椒粉少许，料酒20毫升

做法 ①山药、猪小肚切块。②将料酒、猪小肚倒入沸水锅中，汆煮好后捞出。③将猪小肚、枸杞、白果、姜片、山药、料酒放入砂锅中，炖至食材熟透。④揭开盖，加入适量盐、鸡粉、胡椒粉，搅匀调味，盛出炖煮好的食材，装入汤碗中，撒上葱花即可。

制作指导 山药切好后可立即浸泡在淡盐水中，以防氧化发黑。

生姜肉桂炖猪肚

材料 猪肚块350克，瘦肉丁90克，水发薏米70克，肉桂30克，姜片少许

调料 盐3克，鸡粉2克，料酒10毫升

做法 ①将料酒、猪肚块、瘦肉丁倒入沸水锅中，汆煮好后捞出。②将姜片、薏米、肉桂、汆过水的材料倒入砂锅中。③淋上料酒提味，盖上盖，煮沸后用小火煲煮约60分钟，至食材熟透。④揭盖，加入盐、鸡粉，拌匀调味，转中火续煮片刻，至汤汁入味。⑤关火后盛出煮好的猪肚汤，装入碗中即成。

制作指导 猪肚黏液较多，汆水时加入少许白醋，能使其口感更佳。

玉竹参归炖猪心

材料 玉竹10克，党参12克，当归12克，猪心180克，姜片少许

调料 盐2克，鸡粉2克，料酒10毫升

做法 ①猪心切片。②将猪心片倒入沸水锅中，汆煮好后捞出。③砂锅中注入适量清水烧开，放入洗好的玉竹、党参、当归。④撒入姜片，倒入汆过水的猪心，加适量料酒，拌匀。⑤盖上盖子，用小火炖30分钟。⑥揭盖，放入少许盐、鸡粉，拌匀调味。⑦关火后将煮好的汤料盛出，装入碗中即可。

制作指导 切开的猪心要用清水多冲洗几次，才能更好地洗去血块。

猴头菇炖排骨

材料 排骨350克，水发猴头菇70克，姜片、葱花各少许

调料 料酒20毫升，鸡粉、盐各2克，胡椒粉适量

做法 ①猴头菇切块。②将排骨、料酒倒入沸水锅中，汆煮好后捞出。③将猴头菇、姜片、排骨、料酒倒入砂锅中。④盖上盖，烧开后用小火炖1小时，至食材酥软。⑤揭开盖子，加鸡粉、盐、胡椒粉，用勺拌匀调味。⑥关火后将汤料盛出，装入汤碗中，撒上葱花即可。

制作指导 猴头菇一定要泡开后再煮，这样煮好的猴头菇口感才好。

🥣 马蹄炖排骨

材料 马蹄肉100克，排骨180克，姜片、蒜末、葱段各少许

调料 盐2克，鸡粉2克，料酒3毫升，生抽3毫升，老抽2毫升，蚝油、水淀粉、食用油各适量

做法 ①马蹄肉切块。②将排骨块倒入沸水锅中，氽过水后捞出。③将所有食材倒入油锅中。④加入料酒、生抽、水、盐、鸡粉、蚝油，炖至食材熟透。⑤揭盖，倒入老抽、水淀粉。⑥拌炒匀，将菜盛出，放上葱段即可。

制作指导 氽煮排骨时，可以加入适量料酒，能更好地去腥提味。

🥣 红花炖牛肉

材料 牛肉、土豆各300克，胡萝卜70克，红花20克，花椒、姜片、葱段各少许

调料 料酒20毫升，盐2克

做法 ①土豆、牛肉切丁；萝卜切块。②将牛肉丁、料酒倒入沸水锅中，氽煮好后捞出。③将牛肉丁、红花、花椒、料酒倒入砂锅中。④烧开后炖90分钟，揭盖，倒入土豆、胡萝卜，搅匀。⑤盖上盖，用小火再炖15分钟，揭盖，加入盐，搅拌至食材入味。⑥关火后将煮好的汤料盛出，装入碗中即可。

制作指导 牛肉的纤维较粗，切的时候用刀背敲打片刻再切，这样炖出来的牛肉口感会更好。

土豆炖牛腩

材料 牛腩100克，土豆120克，红椒30克，蒜末、姜片、葱段各少许

调料 盐、鸡粉各2克，料酒4毫升，豆瓣酱10克，生抽10毫升，水淀粉4毫升，食用油适量

做法

① 土豆切丁；红椒、熟牛腩切成块。

② 用油起锅，倒入姜片、蒜末、葱段，爆香。

③ 放入切好的牛腩，炒匀。

④ 加入料酒、豆瓣酱，翻炒匀，放入生抽，炒匀提味。

⑤ 锅中加入水、土豆丁、盐、鸡粉，炒匀调味。

⑥ 盖上盖，用小火炖15分钟。

⑦ 揭盖，放入红椒块，翻炒匀，倒入水淀粉，翻炒均匀。

⑧ 关火后盛出锅中的食材，装入盘中即可。

胡萝卜香味炖牛腩

材料 牛腩400克，胡萝卜100克，红椒45克，青椒1个，姜片、蒜末、葱段、香叶各少许

调料 水淀粉、料酒各10毫升，豆瓣酱10克，生抽8毫升，食用油适量

做法

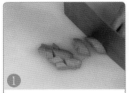

❶ 将洗净的胡萝卜、牛腩先切成条状，再改切成小块。

❷ 青椒切开，去子，切成小块；红椒切开，切成小块。

❸ 锅中倒油、香叶、蒜末、姜片、牛腩，炒匀。

❹ 淋入料酒，倒入适量的豆瓣酱、生抽，炒匀。

❺ 加入适量的清水，盖上盖子，用大火焖1个小时。

❻ 揭盖，放入胡萝卜，加盖，用大火焖10分钟。

❼ 揭盖，放入青椒、红椒，炒匀，放入水淀粉勾芡。

❽ 把香叶挑出，盛好菜肴，放上葱段即可。

人参炖牛尾

材料 牛尾400克，人参片8克，鸡汤800毫升，姜片、葱段各少许

调料 料酒少许，盐2克，鸡粉2克

做法

① 锅中注入适量清水烧开，放入洗好的牛尾。

② 搅拌匀，汆去血水，捞出汆煮好的牛尾，装入盘中备用。

③ 将鸡汤倒入锅中，盖上盖，烧开。

④ 揭盖，放入葱段、姜片、人参片。

⑤ 倒入汆过水的牛尾。

⑥ 再加入盐、鸡粉，搅拌匀，煮至沸。

⑦ 盛出锅中的食材，装入炖盅，盖上盖。

⑧ 用小火炖3小时，揭盖，取出炖盅即可。

枸杞黑豆炖羊肉

材料 羊肉400克，水发黑豆100克，枸杞10克，姜片15克

调料 料酒18毫升，盐2克，鸡粉2克

做法

① 锅中注入适量清水烧开，倒入羊肉块，搅散开。

② 淋入料酒，煮沸，汆去血水。

③ 把汆煮好的羊肉从锅中捞出，沥干水分，待用。

④ 砂锅中注水烧开，倒入洗净的黑豆、汆过水的羊肉。

⑤ 加入姜片、枸杞。

⑥ 淋入料酒，拌匀，盖上盖，烧开后用小火炖至食材熟透。

⑦ 揭开盖子，放入适量盐、鸡粉，用勺拌匀调味。

⑧ 关火后盛出炖好的汤料，装入汤碗中即可。

莲藕炖鸡

材料 莲藕80克，光鸡180克，姜末、蒜末、葱花各少许

调料 盐、鸡粉各3克，生抽、料酒各、白醋各10毫升，水淀粉、食用油各适量

做法 ①莲藕切丁；鸡肉切块。②将鸡块放入碗中，加入少许盐、鸡粉，淋入少许生抽、料酒，拌匀，腌渍约15分钟至入味。③将莲藕丁、白醋倒入沸水锅中，煮好后捞出。④用油起锅，倒入姜末、蒜末，大火爆香，放入鸡块，炒至鸡肉转色。放入生抽、料酒、藕丁、清水、盐、鸡粉，炒匀，盖上盖，煮沸后用小火焖煮15分钟至全部食材熟透。⑤取下盖子，转大火收浓汁水，倒入水淀粉勾芡。⑥关火后盛出煮好的食材，放在盘中，撒上葱花即成。

葫芦瓜炖鸡

材料 鸡腿220克，葫芦瓜200克，彩椒40克，蒜末、姜片、葱段各少许

调料 料酒20毫升，生抽8毫升，蚝油10克，水淀粉2毫升，盐、鸡粉、食用油各适量

做法 ①葫芦瓜、彩椒切丁；鸡腿斩成块。②将鸡肉倒入沸水锅中，汆好后捞出。③用油起锅，放入姜片、蒜末、葱段，爆香，放入鸡肉、料酒，炒出香味。④放入生抽、蚝油、清水、盐、鸡粉，盖上盖，焖2分钟。⑤揭开盖，倒入切好的葫芦瓜、彩椒，炒匀，盖上盖，再焖3分钟。⑥揭盖，用大火收汁，倒入适量水淀粉，用锅铲翻炒匀，盛出焖煮好的食材，装入盘中即可。

🥘 杜仲枸杞炖鸡

🍲 **材料** 鸡块400克，杜仲12克，枸杞8克，姜片少许

🍶 **调料** 料酒8毫升，盐3克，鸡粉2克

👁 **做法** ①将鸡块倒入沸水锅中。②氽煮好后捞出，备用。③砂锅中注入适量清水烧开，放入姜片。④加入洗净的杜仲，倒入氽过水的鸡块，放入枸杞。⑤淋入料酒，搅拌匀。⑥盖上盖，用小火炖30分钟，至食材熟透。⑦揭开盖，放入盐、鸡粉，拌匀调味，关火后将煮好的汤料盛出，装入汤碗中即可。

☁ **制作指导** 炖煮此汤时宜用小火慢炖，才能充分释出药材的药性。

🥘 茶树菇腐竹炖鸡肉

🍲 **材料** 光鸡400克，茶树菇100克，腐竹60克，姜片、蒜末、葱段各少许

🍶 **调料** 豆瓣酱6克，盐3克，鸡粉2克，料酒、生抽各5毫升，水淀粉、食用油各适量

👁 **做法** ①光鸡斩块；茶树菇切段。②将鸡块倒入沸水锅中，氽好后捞出。③用油起锅，放入姜片、蒜末、葱段，大火爆香，倒入鸡块，炒至断生。④放入料酒、生抽、豆瓣酱、盐、鸡粉，炒匀调味。⑤放入水、腐竹，炒匀，盖上盖，煮沸后小火煮至全部食材熟透。⑥揭盖，倒入切好的茶树菇，炒匀，续煮至其熟软。⑦转大火收汁，倒入适量水淀粉勾芡，关火后盛出煮好的菜肴，放在盘中即成。

🥣 参杞三七炖鸡

🐚 材料 母鸡肉500克，党参、黄芪各15克，白术10克，三七8克，陈皮5克，姜片、葱段各少许

🧂 调料 盐3克，鸡粉、料酒各适量

🍲 做法 ①鸡肉斩块。②将鸡肉块倒入沸水锅中，汆好后捞出。③将姜片、葱段、党参、黄芪、白术、三七、陈皮、鸡肉块放入砂锅中。④淋入料酒提味，煲煮至食材熟透。⑤加入鸡粉、盐调味，拣去葱段，转中火煮至汤汁入味。⑥关火后盛出鸡肉和汤，装入汤碗中即成。

⚪ 制作指导 母鸡含油脂较多，汆水的时间最好长一些，这样能去除多余的油分。

🥣 魔芋炖鸡腿

🐚 材料 魔芋150克，鸡腿180克，红椒20克，姜片、蒜末、葱段各少许

🧂 调料 老抽、豆瓣酱、生抽、料酒、盐、鸡粉、水淀粉、食用油各适量

🍲 做法 ①魔芋、红椒、鸡腿切块。②鸡腿块中加入调料，腌渍入味。③将盐、魔芋倒入沸水锅中，煮好后捞出。④再加入适量生抽、料酒，炒出香味，放入盐、鸡粉，翻炒均匀。⑤放入清水、魔芋、老抽、豆瓣酱，炒匀，盖上盖，用小火炖3分钟，至食材熟透入味。⑥揭开盖子，放入切好的红椒块，拌煮均匀，用大火收汁，淋入适量水淀粉，将锅中食材炒匀。⑦盛出食材，装入碗中，撒上葱段即可。

百部白果炖水鸭

🌰 **材料** 鸭肉块400克，白果20克，百部10克，沙参10克，淮山20克，姜片、陈皮各适量

🥄 **调料** 鸡粉2克，盐2克，料酒少许

🍲 **做法** ①锅中注水烧开。②倒入洗净的鸭肉块，淋入料酒，搅拌均匀，汆去血水。③捞出汆煮好的鸭块，装盘备用。④砂锅中注水烧开。⑤倒入备好的药材和姜片，放入汆过水的鸭块。⑥盖上盖，炖约1小时至食材熟透。⑦揭盖，加入少许鸡粉、盐，拌匀调味。⑧关火后盛出煮好的汤料，装入汤碗中即可。

💧 **制作指导** 鸭肉一般有腥味，如果想去掉这种味道，将鸭子尾端两侧的臊豆去掉即可。

黄花菜炖乳鸽

🌰 **材料** 乳鸽肉400克，水发黄花菜100克，红枣20克，枸杞10克，花椒、姜片、葱段各少许

🥄 **调料** 盐、鸡粉各2克，料酒7毫升

🍲 **做法** ①黄花菜切除根部。②将乳鸽肉、料酒放入沸水锅中。③汆煮好后捞出。④将花椒、姜片、红枣、枸杞、乳鸽、黄花菜倒入砂锅中。⑤淋入料酒提味，炖至食材熟透。⑥揭盖，加入鸡粉、盐，用大火续煮片刻，至汤汁入味。⑦关火后取下砂锅，趁热撒上葱段即成。

💧 **制作指导** 最好选用青花椒来炖汤，这样汤汁的鲜味会更浓。

桑葚薏米炖乳鸽

📷 **材料** 乳鸽400克，水发薏米70克，桑葚干20克，姜片、葱段各少许

🍶 **调料** 料酒20毫升，盐2克，鸡粉2克

🥣 **做法**

① 锅中注水烧开，放入乳鸽、料酒，煮至沸，汆去血水。

② 将汆煮好的乳鸽从锅中捞出，沥干水分，待用。

③ 砂锅中注水烧开，倒入汆过水的乳鸽、薏米、桑葚干。

④ 加入姜片，淋入少许料酒。

⑤ 盖上盖，烧开后用小火炖40分钟，至食材软烂。

⑥ 揭开盖，撇去汤中浮沫，再放入适量盐、鸡粉。

⑦ 搅拌均匀，至食材入味。

⑧ 关火后盛出煮好的汤料，装入碗中即可。

白芍枸杞炖鸽子

材料 鸽肉270克，白芍、枸杞各10克，姜片、葱花各少许

调料 料酒16毫升，盐2克，鸡粉2克

做法

① 锅中注入适量清水烧开，倒入鸽肉。

② 加入料酒，拌匀，煮沸，氽去血水。

③ 把鸽肉捞出，沥干水分，待用。

④ 砂锅注入适量清水烧开，倒入鸽子肉。

⑤ 放入白芍、枸杞和姜片。

⑥ 淋入适量料酒，盖上盖，烧开后小火炖40分钟至熟。

⑦ 揭开盖子，放盐、鸡粉，用锅勺搅匀调味。

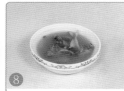

⑧ 关火，盛出煮好的汤料，装入汤碗中，撒上葱花即可。

四宝炖乳鸽

材料 乳鸽1只，山药200克，姜片20克，水发香菇45克，远志10克，枸杞8克

调料 料酒10毫升，盐2克，鸡粉2克

做法

❶ 山药、香菇切成小块；处理好的乳鸽斩成小块，备用。

❷ 锅中注水烧开，倒入乳鸽块、料酒，搅拌匀，汆去血水。

❸ 将汆煮好的乳鸽捞出，沥干水分，备用。

❹ 砂锅中注水烧开，放入远志、枸杞，撒入姜片，倒入香菇块。

❺ 放入汆过水的乳鸽肉，淋入少许料酒，搅拌均匀。

❻ 盖上盖，小火炖至食材熟烂，揭盖，放入切好的山药。

❼ 盖上盖，炖至山药熟软后放入盐、鸡粉，搅拌至食材入味。

❽ 盛出炖好的食材，装入碗中即可。

白萝卜炖鹌鹑

材料 白萝卜300克，鹌鹑肉200克，党参3克，红枣、枸杞各2克，姜片少许

调料 盐2克，鸡粉2克，料酒9毫升，胡椒粉适量

做法

① 洗净去皮的白萝卜切厚片，再切条形，用斜刀切块。

② 锅中注水烧开，倒入洗净的鹌鹑肉，搅匀，汆去血渍。

③ 淋入料酒，去除腥味，捞出汆煮好的鹌鹑肉，装盘待用。

④ 除白萝卜外的食材、料酒倒入砂锅中煲煮约30分钟。

⑤ 揭盖，倒入白萝卜，盖上盖，用小火续煮至食材熟透。

⑥ 揭盖，加入盐、鸡粉、胡椒粉，关火后盛出即可。

制作指导 鹌鹑肉不宜放置太久，否则会影响鹌鹑的口感和营养。

营养功效 白萝卜具有促进消化，增强食欲，加快胃肠蠕动和止咳化痰的作用。且可治疗或辅助治疗多种疾病。

首乌枸杞炖鹌鹑

材料 首乌20克，枸杞10克，姜片少许，鹌鹑肉300克

调料 料酒8毫升，盐2克，鸡粉2克

做法 ①鹌鹑斩块。②将鹌鹑肉块、料酒倒入沸水锅中，汆煮好后捞出。③将洗净的首乌、姜片、汆过水的鹌鹑、枸杞倒入锅中。④盖上盖，烧开后用小火煮30分钟，至食材熟透。⑤揭开盖子，放入少许鸡粉、盐，用勺拌匀调味。⑥关火后盛出煮好的汤料，装入汤碗中即可。

制作指导 熬煮此汤时，火候不宜过大，这样鹌鹑肉更易入味。

萝卜炖鱼块

材料 白萝卜100克，草鱼肉120克，鲜香菇35克，姜片、葱末、香菜末各少许

调料 盐、鸡粉各2克，胡椒粉少许，花椒油、食用油各适量

做法 ①香菇切丝；白萝卜切片；草鱼肉切块。②煎锅中注油烧热，下入姜片，用大火爆香，放入鱼块，用小火煎片刻至两面呈焦黄色。③倒入香菇丝，下入萝卜片，翻炒几下，注入适量开水。④加入盐、鸡粉，撒上少许胡椒粉，轻轻搅拌匀，用大火煮约3分钟至全部食材熟透。⑤关火后盛出煮好的菜肴，放在汤碗中，撒上香菜末、葱末，待用。⑥另起锅，倒入花椒油烧热，关火后盛出热油，浇在汤碗中即成。

蘑菇炖生鱼

材料 生鱼400克，杏鲍菇100克，口蘑100克，西红柿90克，姜片、葱花各少许

调料 盐3克，鸡粉3克，料酒5毫升，食用油适量

做法 ①生鱼切段；口蘑、杏鲍菇、西红柿切块。②将口蘑、杏鲍菇倒入沸水锅中，加入盐、鸡粉、料酒，焯煮好后捞出。③用油起锅，放入姜片，爆香，放入鱼段，煎出焦香味，淋入适量料酒，倒入适量清水。④放入焯过水的食材，加入适量盐、鸡粉，炒匀，盖上盖，用小火焖20分钟。⑤揭开盖，倒入切好的西红柿，盖上盖，用小火再焖5分钟。⑥揭开盖，撇去汤中浮沫，搅动一会儿，使食材更入味，把煮好的汤料盛出，装入碗中即可。

合欢山药炖鲫鱼

材料 鲫鱼300克，山药80克，干山楂30克，合欢皮20克，姜片20克

调料 盐3克，鸡粉3克，胡椒粉适量

做法 ①山药切片。②将姜片、鲫鱼放入煎锅，煎至两面焦黄。③将干山楂、合欢皮、山药片、鲫鱼、水倒入锅中。④烧开后用小火煮15分钟，至食材熟透。⑤揭盖，放入少许盐、鸡粉，盖上盖，用小火续煮5分钟。⑥揭盖，撒入胡椒粉，搅拌均匀，至食材入味。⑦盛出煮好的鲫鱼，装入碗中即可。

制作指导 山楂在煮制前可用清水泡洗片刻，以去除杂质。

鲇鱼炖豆腐

材料 鲇鱼150克，豆腐200克，洋葱80克，泡小米椒30克，湘菜15克，姜片、蒜末、葱段各少许

调料 盐、鸡粉、料酒、生粉、生抽、豆瓣酱、水淀粉、芝麻油、食用油各适量

做法 ①泡小米椒切碎；洋葱、豆腐切块；香菜切段。②向处理好的鲇鱼中加入生抽、盐、鸡粉、料酒、生粉，拌匀，腌渍10分钟。③沸水锅中放入豆腐、盐，煮好后捞出。④将所有食材倒入油锅中。⑤锅留底油，放入干辣椒、姜片、蒜末、葱段爆香，倒入洋葱、泡小米椒、豆腐、清水、豆瓣酱、生抽、盐、鸡粉、鲇鱼，炒匀，煮1分钟。⑥倒入水淀粉勾芡，加入芝麻油，拌匀，盛出菜肴，装入盘中，放上香菜即可。

酸菜炖鲇鱼

材料 鲇鱼块400克，酸菜70克，姜片、葱段、八角、蒜头各少许

调料 盐3克，生抽9毫升，豆瓣酱8克，鸡粉4克，老抽1毫升，白糖2克，料酒4毫升，生粉12克，水淀粉、食用油适量

做法 ①酸菜切片。②向洗净的鲇鱼块中加入生抽、盐、鸡粉、料酒、生粉，腌渍入味。③热锅注油，放入蒜头、鲇鱼块，炸好后捞出。④锅底留油烧热，倒入姜片、八角，爆香，放入酸菜、豆瓣酱、生抽、盐、鸡粉、白糖，炒匀调味。⑤注入清水，大火煮至沸腾，倒入炸好的鲇鱼，淋入老抽，炒匀。⑥倒入水淀粉勾芡，炒至食材入味，关火后盛出装盘，撒上葱段即可。

🥣 鱼丸炖鲜蔬

材料 草鱼300克，上海青80克，鲜香菇45克，胡萝卜70克，姜片少许

调料 盐3克，鸡粉4克，胡椒粉、水淀粉、食用油各适量

做法 ①香菇、胡萝卜切片；上海青对半切开；草鱼剁成肉泥。②向鱼肉泥中加盐、鸡粉、胡椒粉，拌匀，顺一个方向搅至起浆，倒入水淀粉，拌匀。③锅中注水烧开，把鱼肉泥制成鱼丸，放入锅中，拌匀，煮约2分钟至鱼丸浮在水面上，把煮好的鱼丸捞出，备用。④另起锅，注水烧热，放入姜片、胡萝卜、上海青、香菇，加入适量盐、鸡粉，拌匀调味。⑤放入煮好的鱼丸，用勺搅拌匀，用大火煮沸。⑥将汤盛出，装入碗中即成。

🥣 生蚝茼蒿炖豆腐

材料 豆腐200克，茼蒿100克，生蚝肉90克，姜片、葱段各少许

调料 盐3克，鸡粉2克，老抽2毫升，料酒4毫升，生抽5毫升，水淀粉、食用油各适量

做法 ①茼蒿切段；豆腐切块。②将盐、豆腐块、生蚝肉倒入沸水锅中，煮好后捞出。③将所有食材倒入油锅中。④加入调料、水，炖至入味。⑤放入切好的茼蒿，翻炒几下，再倒入焯过水的豆腐块，加入少许盐、老抽、生抽、鸡粉，轻轻翻动，转中火炖煮约2分钟，至食材入味。⑥用大火收汁，倒入适量水淀粉，翻炒至汤汁收浓、食材熟透，关火后盛出炖好的菜肴，装入盘中即成。

红花当归炖鱿鱼

🌰 材料 鱿鱼干200克，红花6克，当归8克，姜片20克，葱段少许

🧂 调料 料酒10毫升，盐2克，鸡粉2克，胡椒粉适量

🍲 做法

1 锅中注入适量清水烧开。

2 倒入鱿鱼干，汆去杂质，汆煮好后捞出，待用。

3 锅中注入适量清水烧开，淋入适量料酒。

4 加入少许盐、鸡粉、胡椒粉。

5 放入备好的红花、当归，加入姜片、葱段。

6 倒入鱿鱼干，搅拌匀，煮至沸。

7 将鱿鱼汤放入烧开的蒸锅中，中火隔水炖至食材熟透。

8 揭开盖，将炖好的汤料取出，捞出葱段即可。

党参当归炖鳝鱼

材料 鳝鱼400克，金华火腿50克，党参10克，当归10克，葱段20克，姜片25克，鸡汤500毫升

调料 盐2克，鸡粉2克，料酒10毫升，胡椒粉适量

做法

① 将鳝鱼切成小块；洗好的金华火腿切成片，备用。

② 锅中注水烧开，倒入金华火腿、鳝鱼块，煮沸，汆去血水。

③ 将汆煮好的食材捞出，装入碗中。

④ 将鸡汤倒入锅中，煮至沸腾，加入料酒，倒入葱段、姜片。

⑤ 将放有盐、鸡粉、胡椒粉的汤料盛入装有火腿和鳝鱼的碗中。

⑥ 将准备好的食材放入烧开的蒸锅中。

⑦ 盖上盖，用中火蒸30分钟，至食材熟透。

⑧ 揭开锅盖，将蒸好的食材取出，挑去葱段，即可食用。

清炖甲鱼

🔸 **材料** 甲鱼块400克，姜片、枸杞各少许

🔹 **调料** 盐、鸡粉各2克，料酒6毫升

🍳 **做法**

① 锅中注入适量清水烧开，淋入少许料酒。

② 倒入甲鱼块，用大火煮2分钟，待汤汁沸腾后掠去浮沫。

③ 捞出甲鱼，沥干水分，置于盘子中，待用。

④ 砂锅中注入约800毫升清水，用大火烧开。

⑤ 倒入氽煮好的甲鱼块，放入洗净的枸杞、姜片。

⑥ 搅拌匀，再淋入料酒提味。

⑦ 盖上盖，煮沸后转小火煲煮约40分钟，至食材熟透。

⑧ 揭盖，加入盐、鸡粉，续煮至入味，关火后取下砂锅即成。

海马炖猪腰

🥣 **材料** 猪腰300克，猪瘦肉200克，姜片25克，海马8克

🫙 **调料** 盐、鸡粉各2克，料酒8毫升

🍲 **做法**

① 将洗净的瘦肉切丁；洗净的猪腰去除筋膜，再切片。

② 锅中注入适量清水烧热，倒入切好的猪腰。

③ 放入瘦肉丁，淋入少许料酒，拌匀。

④ 用大火煮至食材断生后捞出，沥干水分，待用。

⑤ 将海马放入锅中，中火炒至其呈焦黄色，关火后盛出。

⑥ 砂锅中注入适量清水烧开，倒入氽过水的猪腰和瘦肉。

⑦ 放入海马、姜片，再淋入料酒，小火煮至食材熟透。

⑧ 揭盖，加入鸡粉、盐，转中火煮至汤汁入味，关火后盛出。

百合枇杷炖银耳

材料 水发银耳70克,鲜百合35克,枇杷30克

调料 冰糖10克

做法 ①洗净的银耳去蒂,切成小块。②洗好的枇杷切开,去核,再切成小块,备用。③锅中注入适量清水烧开,倒入备好的枇杷、银耳、百合。④盖上盖,烧开后用小火煮约15分钟。⑤揭盖,加入适量冰糖,拌匀,煮至融化。⑥关火后盛出炖煮好的汤料即可。

制作指导 银耳宜用温水泡发,泡发后应去掉未发开的部分。

冰糖炖香蕉糖水

材料 香蕉75克

调料 冰糖30克

做法 ①洗净的香蕉去除果皮,把果肉切成条,用斜刀切成小块。②取一个小碗,放入香蕉块,撒上冰糖。③再倒入适量清水,待用。④蒸锅上火烧开,放入装有香蕉的小碗。⑤盖上盖,用中火蒸约10分钟。⑥揭开盖,待蒸汽散去。⑦取出小碗,稍微放凉后即可食用。

制作指导 锅中的蒸汽温度较高,要待蒸汽散开了再取出食材,以免烫伤。

罗汉果银耳炖雪梨

材料 罗汉果35克，雪梨200克，枸杞10克，水发银耳120克

调料 冰糖20克

做法 ①银耳切块。②洗净的雪梨切成丁。③砂锅中注入适量清水烧开，放入洗好的枸杞、罗汉果。④倒入切好的雪梨，放入银耳。⑤盖上盖，烧开后用小火炖20分钟，至食材熟透。⑥揭开盖，放入适量冰糖。⑦拌匀，略煮片刻，至冰糖融化。⑧关火后盛出煮好的糖水，装入碗中即可。

制作指导 罗汉果本身带有甜味，因此可以适量少放些冰糖。

川贝百合炖雪梨

材料 川贝20克，雪梨200克，冰糖30克，鲜百合40克

调料 冰糖20克

做法 ①洗净去皮的雪梨去核，切成小块。②锅中注入适量清水烧开，倒入雪梨块。③放入洗净的川贝，加入洗好的百合，搅拌匀。④盖上盖，烧开后用小火煮15分钟，至食材熟透。⑤揭开盖，倒入备好的冰糖。⑥拌匀，略煮片刻，至冰糖融化。⑦关火后盛出煮好的糖水，装入碗中即可。

制作指导 川贝可以压碎或者压成粉末状，这样可以更好地发挥药效。

水煮肉片千张

材料 千张、猪瘦肉各300克，泡小米椒、红椒各40克，姜片、蒜末、干辣椒、葱花各少许

调料 盐、鸡粉、水淀粉、辣椒油、陈醋、生抽、豆瓣酱、食粉、食用油各适量

做法

❶ 干张切丝；泡小米椒切碎；红椒切粒；猪瘦肉切片。

❷ 切好的瘦肉中放入食粉、盐、鸡粉，搅拌均匀。

❸ 倒入水淀粉，拌匀，淋入油，腌渍10分钟，至其入味。

❹ 将油、盐、鸡粉，干张倒入沸水锅中，煮1分钟。

❺ 将焯煮好的干张捞出，沥干水分，装入碗中，备用。

❻ 将姜片、蒜末、红椒、泡小米椒、豆瓣酱倒入锅中，炒匀。

❼ 加水、辣椒油、陈醋、生抽、盐、鸡粉、肉片，煮熟。

❽ 将肉片盛入碗中；碗中撒葱花、干辣椒，浇上热油即可。

水煮猪肝

材料 猪肝300克，白菜200克，姜片、葱段、蒜末各少许

调料 盐、鸡粉、料酒、水淀粉、豆瓣酱、生抽、辣椒油、花椒油、食用油适量

做法

① 将洗净的白菜切成细丝；处理干净的猪肝切开，改切片。

② 猪肝中加入盐、鸡粉、料酒、水淀粉，腌渍至其入味。

③ 锅中注水烧开，倒入适量食用油，放入少许盐、鸡粉。

④ 倒入白菜丝煮至熟软，把白菜丝捞出，装盘备用。

⑤ 用油起锅，倒入姜片、葱段、蒜末、豆瓣酱，爆香，炒散。

⑥ 倒入猪肝片，炒至变色，淋入适量料酒，炒匀提味。

⑦ 锅中注水，放入生抽、盐、鸡粉、辣椒油、花椒油，煮沸。

⑧ 倒入水淀粉，用锅勺快速拌匀，关火后把猪肝盛入盘中即成。

荷包蛋煮黄骨鱼

🌶 **材料** 黄骨鱼350克,彩椒20克,鸡蛋2个,花椒、姜片、香菜末各少许

🧂 **调料** 盐2克,鸡粉2克,料酒5毫升,食用油适量

🍲 **做法**

① 洗净的彩椒切粗丝,改切成丁。

② 用油起锅,打入鸡蛋,用中火煎至两面成形。

③ 关火后盛出煎好的荷包蛋,装入小碟中,待用。

④ 锅底留油烧热,放入处理好的黄骨鱼,用中火煎片刻。

⑤ 淋入少许料酒,注入适量清水。

⑥ 加入花椒、姜片、彩椒丁、荷包蛋,加入盐、鸡粉,拌匀。

⑦ 盖上盖,烧开后用小火煮约4分钟,至鱼肉熟透。

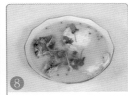

⑧ 揭盖,煮片刻,关火后盛出食材,撒上香菜末即可。

圆椒紫苏煮鲫鱼

材料 鲫鱼300克，圆椒40克，紫苏叶20克，姜片少许

调料 盐2克，鸡粉2克，胡椒粉少许，猪油、料酒、食用油各适量

做法

① 洗净的紫苏叶切小段；洗好的圆椒切开，再切粗丝。

② 用油起锅，放入处理好的鲫鱼，用小火煎一会儿。

③ 翻转鱼身，煎至两面断生，撒上姜片。

④ 淋入料酒提味。

⑤ 注入适量开水，加少许盐、鸡粉调味。

⑥ 盖上盖，用中火煮约7分钟，至鱼肉熟软。

⑦ 揭盖，加入猪油、圆椒、紫苏叶、胡椒粉，大火煮至入味。

⑧ 关火后盛出菜肴，装入汤碗中即可。

甘蔗木瓜炖银耳

材料 水发银耳150克，无花果40克，水发莲子80克，甘蔗200克，木瓜200克，红糖60克

做法 ①银耳切块；甘蔗切段；木瓜切丁。②将莲子、无花果、甘蔗、银耳倒入沸水锅中。③盖上盖，烧开后用小火炖20分钟，至食材熟软。④揭开盖，放入木瓜，搅拌匀，盖上盖，用小火再炖10分钟，至食材熟透。⑤揭开盖，放入红糖，拌匀，煮至融化。⑥关火后盛出煮好的汤料，装入汤碗中即可。

制作指导 木瓜不宜煮太久，否则煮得太软烂，口感不佳。

西红柿煮口蘑

材料 西红柿150克，口蘑80克，姜片、蒜末、葱段各少许

调料 料酒3毫升，鸡粉2克，盐、食用油各适量

做法 ①口蘑切片；西红柿切块。②将盐、口蘑倒入沸水锅中，煮至断生，后捞出。③将姜片、蒜末倒入油锅中，爆香。④倒入焯好的口蘑，淋入料酒，炒香。⑤放入西红柿、水，煮熟。⑥揭盖，放入葱段，加入盐、鸡粉，用锅勺拌匀调味。⑦将煮好的食材盛出装碗即成。

制作指导 西红柿不要煮得过于熟烂，以免营养成分流失，口感也会变差。

Part 5

香酥煎炸

　　油是映衬色泽最好的介质，煎炸出来的食品通过是金光闪闪，引人垂涎。但煎炸食品往往含油脂量大，并且在烹饪中易分解产生多种不利于人体健康的物质，又引得人们望而却步。那么，如何烹饪，才能做出美味又健康的煎炸食物呢?

煎炸之道

一般日常所说的"煎"，是指用锅子把少量的油加热，再把食物放进去，使其熟透的烹饪方法；而"炸"同样是以食油为介质，使食物成熟的一种方法。炸与煎的最大不同之处在于，炸要求的用油量较多。只要掌握好炸的基本要领，触类旁通，你也就可以很好地煎炸出一道鲜香酥脆的美食了。

煎炸的两大优点

煎、炸在中国传承了几千年，它们都是以油为传导介质来烹饪食物的方法。一提起用油，有些人就片面地认为不利于健康。其实，用油烹饪是有很多优点的：

①由于油的热容量低，油温上升快，原料在锅里很快就能成熟，菜肴外焦里嫩、香脆可口，能最大限度保存营养物质。

②用油烹饪能产生脂肪酸，油还能吸收葱、姜、蒜、花椒、大料中的香味，烹饪出来的食品香气扑鼻。

味美口感好的炸法

清炸

原料不经过挂糊上浆，用调料拌好后即投入油锅旺火炸制。清炸主料外面没有保护层，必须根据原料的老嫩、大小来决定油温高低。主料质嫩或形状较小的，在油温五成热时下锅，炸的时间要短，炸至约八层熟时捞出，待炸料冷却后再下锅复炸一次即成。

干炸

干炸方法与清炸差不多，也是先把原料加以调味腌渍再炸。所不同的是，干炸的原料下锅前还要拍粉挂糊。干炸时间要稍长一些，开始用旺火热油，中途改用温油小火，把原料炸至外皮焦脆即可。干炸菜肴的特点是，原料失去水分较多，成菜外酥香，里软嫩。

软炸

把主料腌渍一下后挂一层鸡蛋糊，再投入油锅炸制。软炸的油温，以控制在五成热为宜，炸到原料断生，外表发硬时即可捞出，然后把油温烧到七八成热，再把断生的炸料下油锅一炸即成。

酥炸

把原料煮熟或蒸熟，再下油锅炸。酥炸的原料要先在蒸、煮时调好味。下油锅炸时，火力要旺，油温控制在六七成热，炸至原料外层呈深黄色即可。酥炸的特点是，成菜酥香肥嫩。

让煎炸制品更健康

> 吃，是我们每天都要面对的事情，要吃就离不开煎、炒、烹、炸。煎、炸里的学问大，做对了、吃对了，才有利于健康，保证营养。

怎么制作会更健康

油炸要挂糊

炸的用油量比较多，温度也较高，一般能达到180℃以上，很容易造成食品中维生素、蛋白质的丧失。把原料"挂"一下糊，营养的损失就会减少很多。挂糊和上浆的道理是一样的，只不过糊的含水量要比浆少，比如鸡蛋糊、蛋白糊、脆炸糊等，这样炸出来的食品，不仅营养损失少，口感还好。

煎时用中火

煎时要注意两面煎，使原料均匀受热，还要常用慢火，油量不宜没过主料。适宜用平底锅类烹调炊具。煎的时候油温不高，一般低于炸制温度，营养损失也比较少。

控制油温

煎、炸时温度控制在160～180℃比较理想，可以减少食物营养流失，此时冒油烟很少，食物丢进去后会大量起泡，但不会马上变色。如果已经大量冒烟，或者食物变色太快，说明温度过高了。

怎么吃才更健康

清理油杂质后再吃

煎炸食物时，经常会有小渣滓或碎屑留在锅里，它们经过长时间反复煎炸，会发黑变煳，产生很多有害物质，一旦附着在食物表面，被食用后会危害健康。因此，食用油炸食物要及时捞出油里的杂质，以免吃下有害物质。

搭配绿叶菜一起吃

吃煎炸食物时，要把量控制好。如果一餐中有一道菜是油炸的，其他菜就要清淡少油，最好是凉拌菜、蒸菜、炖菜等。绿叶菜中含大量叶绿素和抗氧化物质，可以在一定程度上降低油炸食物中致癌物的致突变作用。

水煎后再吃

超市里有许多裹着煎炸粉的半成品，如鸡米花、鸡排等。加工这类食品时，不妨用水煎法，在锅底放一点点油，加一勺水，利用蒸汽把食材熏热、蒸熟，水分蒸发后，底油会把食材底部煎脆。

紫苏煎黄瓜

材料 黄瓜200克，紫苏15克，朝天椒25克，蒜末少许

调料 盐、鸡粉各3克，生抽、水淀粉、食用油各适量

做法

❶ 洗好的朝天椒切圈；洗净的紫苏切碎；去皮的黄瓜切片。

❷ 用油起锅，放入黄瓜片，煎出香味。

❸ 把黄瓜盛出，沥干油，待用。

❹ 锅留底油，放入蒜末，爆香。

❺ 倒入朝天椒，翻炒均匀。

❻ 放入黄瓜片，加入紫苏。

❼ 放入生抽、盐、鸡粉，倒入水淀粉，炒匀调味。

❽ 盛出炒好的菜肴，装盘即可。

香煎土豆片

🔶 材料　土豆150克

🔶 调料　盐、沙拉酱各少许

🔶 做法

① 洗净去皮的土豆切成厚片。

② 将土豆片放入碗中，撒上少许盐。

③ 加入适量清水，搅匀，浸泡约5分钟，备用。

④ 煎锅置于火上烧热，注入食用油，烧至三四成热。

⑤ 放入土豆片，炸干其水分，再转小火续煎。

⑥ 煎约2分钟至其散出香味，再翻转，煎至两面呈金黄色。

⑦ 关火后，取出煎熟的土豆片，摆放在盘中。

⑧ 挤上少许的沙拉酱即可。

芝麻香煎西葫芦

⊕ 材料 西葫芦300克，熟白芝麻15克，孜然粉5克，炸粉90克，蒜末、葱花各少许

⊙ 调料 盐2克，生粉30克，食用油适量

⊙ 做法

① 洗净的西葫芦切成圆片。

② 炸粉放入碗中，加入少许清水，搅拌均匀，备用。

③ 锅注水烧开，放入盐、油搅匀，倒入西葫芦，焯熟。

④ 捞出焯好的西葫芦，沥干水分，装盘撒生粉，拌匀。

⑤ 煎锅中倒入食用油烧热，把西葫芦裹上炸粉糊，入锅。

⑥ 用小火煎至其散出焦香味，翻面，再煎至其呈金黄色。

⑦ 放入蒜末、葱花，煎出香味，撒孜然粉、白芝麻略煎。

⑧ 把煎好的西葫芦取出，装盘即可。

煎红薯

🍲 材料　红薯250克，熟芝麻15克

🧂 调料　蜂蜜、食用油各适量

🍳 做法

❶ 将去皮洗净的红薯切成片，放在盘中，待用。

❷ 锅中注入适量清水烧开。

❸ 倒入红薯片，搅拌几下，煮约2分钟。

❹ 至其断生后捞出，沥干水分，放在盘中，待用。

❺ 煎锅中注入少许食用油烧热，放入焯煮过的红薯片。

❻ 用小火煎一会至散发出焦香味，翻转锅中的食材。

❼ 再用小火煎至两面熟透，盛出煎好的食材，放在盘中。

❽ 均匀地淋上适量的蜂蜜，撒上熟芝麻即成。

南瓜煎奶酪

材料 南瓜120克，土豆70克，鸡蛋1个，奶酪20克，面粉60克

调料 白糖8克

做法 ①土豆、南瓜均切片。②鸡蛋入碗，取蛋黄打散；奶酪切碎。③南瓜和土豆均入锅蒸熟。④取出土豆和南瓜压碎并拌成泥，加奶酪、蛋黄搅匀，放部分面粉和糖拌匀，再加剩余面粉拌成糊。⑤锅注油，取面糊放入模具，制成南瓜生饼坯，油热后下南瓜生饼坯煎成型。⑥翻面，续煎熟，取出装盘即可。

制作指导 煎制南瓜饼时，需不时转动煎锅，使其受热均匀，避免烧焦。

湘煎口蘑

材料 五花肉300克，口蘑180克，小米椒25克，朝天椒、姜片、蒜末、葱段、香菜各少许

调料 盐、鸡粉、黑胡椒粉各2克，水淀粉、料酒各10毫升，辣椒酱、豆瓣酱各15克，生抽5毫升，食用油适量

做法 ①原材料治净。②口蘑焯煮。③油起锅，下五花肉、料酒炒香。④锅底留油，下口蘑煎香，放蒜末、姜片、葱段炒香。⑤倒五花肉炒匀。⑥放朝天椒和调料一起炒匀，装盘放香菜即可。

制作指导 清洗口蘑时，可用流水冲洗一会儿，这样可以去除菌盖下的杂质。

椒盐煎豆腐

材料 豆腐270克，鸡蛋1个

调料 盐2克，黑胡椒粉少许，生粉、食用油各适量

做法 ①洗净的豆腐切成长方块，改切三角块，再切成片。②豆腐入盘，撒上适量的盐，再加入适量的生粉腌渍片刻。③鸡蛋入碗打散调匀，制成蛋液。④煎锅置于火上烧热，倒入食用油，转小火，将豆腐裹上蛋液，放入煎锅，中火煎至焦黄色。⑤翻转豆腐块，小火煎至两面熟透。⑥撒黑胡椒粉，煎入味，取出摆盘即可。

多彩豆腐

材料 豆腐300克，莴笋120克，胡萝卜100克，玉米粒80克，鲜香菇50克，蒜末、葱花各少许

调料 盐3克，鸡粉少许，蚝油6克，生抽7毫升，水淀粉、食用油各适量

做法 ①莴笋、胡萝卜均洗净去皮切成小丁块；香菇洗净切成丁块；豆腐洗净切长方块。②锅中注入清水烧开，加入盐，放入胡萝卜丁、莴笋丁、洗净的玉米粒、香菇丁，焯煮1分钟，捞出材料。③煎锅注油烧热，放入豆腐块，撒上盐，小火煎出香味，翻转豆腐块，再煎约5分钟，至两面熟透，盛出装盘。④用油起锅，放入蒜末和焯过水的材料，翻炒，放入清水、生抽、盐、鸡粉、蚝油，炒匀，用少许水淀粉勾芡，制成酱料。⑤取装有豆腐块的盘子，盛入锅中的酱料，撒上葱花即成。

酸豆角煎蛋

材料 酸豆角50克，鸡蛋2个，葱花少许

调料 盐3克，鸡粉2克，水淀粉、胡椒粉、芝麻油、食用油各适量

做法

❶ 将洗好的酸豆角切成丁。鸡蛋打入碗中，用筷子打散调匀。

❷ 锅中加清水烧开，入酸豆角，煮1分钟，捞出。

❸ 酸豆角放入蛋液中，加盐、鸡粉、水淀粉、葱花。

❹ 撒入胡椒粉，用筷子搅拌均匀。淋入芝麻油，拌匀。

❺ 用油起锅，倒入三分之一的蛋液，炒至凝固，盛出。

❻ 将炒好的鸡蛋倒入剩余的蛋液中。用筷子搅拌均匀。

❼ 锅中再注入油，倒入蛋液。慢火煎制，以免煎煳。

❽ 待鸡蛋煎至焦香后翻面，煎至金黄色，盛入盘中即成。

洋葱火腿煎蛋

材料 洋葱30克，鸡蛋2个，火腿80克

调料 盐、鸡粉各少许，水淀粉3毫升，食用油适量

做法

① 洗净的洋葱切丝，改切粒；火腿切片再切丝，改切粒。

② 鸡蛋打入碗中，加入鸡粉、盐，用筷子打散、调匀。

③ 煎锅注入食用油烧热，放入切好的洋葱、火腿，炒香。

④ 盛出炒好的洋葱、火腿，装入蛋液中，加水淀粉搅匀。

⑤ 煎锅再注入食用油烧热，放入部分蛋液，略煎一会儿。

⑥ 把煎好的鸡蛋盛出，装入蛋液中，混合均匀。

⑦ 煎锅注油烧热，倒入混合好的蛋液，煎成饼形。

⑧ 蛋饼翻面，续煎一会儿，至焦黄色，盛出装盘即可。

彩椒圈太阳花煎蛋

材料 彩椒150克，鸡蛋2个

调料 盐、胡椒粉各少许，食用油适量

做法

① 洗净的彩椒切圈，去子。

② 鸡蛋分别打入两个碗中，备用。

③ 煎锅置于旺火上烧热，倒入少许食用油，放入彩椒圈。

④ 往彩椒圈内分别倒入鸡蛋。

⑤ 用中火煎至鸡蛋呈乳白色，撒盐、胡椒粉，再煎至八成热。

⑥ 关火后用余温再煎片刻至食材熟透，盛出，装盘即可。

制作指导 彩椒圈最好切得宽度一致，底面平整，这样蛋液不容易流出。

营养功效 彩椒含有维生素A、B族维生素、维生素C、钙、铁等营养成分，具有清热消暑、消除疲劳等功效。

软煎鸡肝

材料 鸡肝80克，蛋清50毫升，面粉40克

调料 盐1克，料酒2毫升

做法

① 汤锅中注入适量清水，放入洗净的鸡肝，加盐、料酒。

② 盖上盖，烧开后煮5分钟至鸡肝熟透。

③ 揭开锅盖，把煮熟的鸡肝取出，晾凉备用。

④ 将鸡肝切成片。

⑤ 把面粉倒入碗中，加入蛋清。

⑥ 用筷子搅拌均匀，制成面糊。

⑦ 煎锅注油烧热，鸡肝裹上面糊入煎锅，煎出香味。

⑧ 翻面，略煎至鸡肝熟，将煎好的鸡肝取出装盘即可。

香煎福寿鱼

材料 福寿鱼400克，姜片15克，葱结10克

调料 盐2克，鸡粉2克，生抽5毫升，料酒13毫升，食用油适量

做法 ①宰杀处理干净的福寿鱼装入盘中，加盐、鸡粉、生抽、料酒。②放葱结和部分姜片将鱼腌渍一会。③热锅注油，下剩余的姜片爆香。④放福寿鱼，煎约5分钟。⑤翻面，转动炒锅，防止鱼皮粘锅，再煎约1分钟，加生抽、料酒、水煎熟。⑥把煎好的福寿鱼盛出装盘即可。

制作指导 选购时挑选一斤左右的鱼为佳，过大的福寿鱼肉质较粗，泥腥味重，味道也不够鲜美。

香煎秋刀鱼

材料 秋刀鱼150克，姜片15克，葱结10克，葱花少许

调料 鸡粉2克，盐2克，生抽8毫升，料酒4毫升，食用油适量

做法 ①宰杀处理干净的秋刀鱼入盘中，放姜片、葱结。②加鸡粉、盐，淋生抽、料酒腌渍。③锅注油烧热，下姜片，爆香。④放腌渍好的秋刀鱼，先将一面煎约2分钟至焦香，翻面，将另外一面煎1.5分钟至焦香。⑤加生抽略煎，放葱花。⑥将煎熟的秋刀鱼盛出装盘即可。

制作指导 因秋刀鱼是海鱼，本身有咸味，因此在做秋刀鱼时可以少放盐。

香煎柠檬鱼块

🔸 **材料** 草鱼肉300克，柠檬70克，葱花少许

🔸 **调料** 盐2克，白醋3毫升，白糖20克，生抽2毫升，胡椒粉、料酒、鸡粉、水淀粉、食用油各适量

🔸 **做法** ①柠檬切片；草鱼肉切块。②鱼块入碗，放盐、鸡粉、糖、生抽、料酒、胡椒粉腌渍。③柠檬片加醋、糖调成味汁。④鱼块入锅煎熟装盘。⑤柠檬味汁入锅加糖和水淀粉拌成稠汁。⑥柠檬片放在鱼块之间，浇柠檬汁撒葱花即可。

💬 **制作指导** 煎鱼块时可适当地晃动锅底，使其均匀受热。另外，油要一次性加足，以免煎制时鱼肉粘锅。

香煎三文鱼

🔸 **材料** 三文鱼180克，葱段、姜丝各少许

🔸 **调料** 盐2克，生抽4毫升，鸡粉、白糖各少许，料酒、食用油各适量

🔸 **做法** ①将洗净的三文鱼装入碗中。②加入适量生抽、盐、鸡粉、白糖。③放入姜丝、葱段，倒入少许料酒。④抓匀，腌渍15分钟至入味。⑤炒锅中注入适量食用油烧热，放入三文鱼，煎约1分钟至散出香味，翻动鱼块，煎至金黄色。⑥把煎好的三文鱼盛出装盘即可。

💬 **制作指导** 煎制三文鱼时，宜用小火煎，以免煎煳，影响成品外观和口感。

香煎银鳕鱼

材料 鳕鱼180克，姜片少许

调料 生抽2毫升，盐1克，料酒3毫升，食用油适量

做法 ①取一个干净的碗，放入洗好的鳕鱼。②放入少许姜片。③加入适量生抽、盐、料酒。④抓匀，腌渍10分钟至入味。⑤煎锅中注入适量食用油，烧热，放入鳕鱼，用小火煎约1分钟，至煎出焦香味，翻面，煎约1分钟至鳕鱼呈焦黄色。⑥把煎好的鳕鱼块盛出，装入盘中即可。

制作指导 煎鳕鱼前在鱼身裹上一些生粉，可防止煎鳕鱼时溅油。

香煎剥皮鱼

材料 剥皮鱼300克，姜片、葱段、姜丝、葱丝各少许

调料 盐3克，生抽4毫升，食用油适量

做法 ①在处理干净的剥皮鱼鱼鳃处切一道小口。②由刀口处去除鱼皮，切除鱼头。③鱼身入碗，加入姜片、葱段、盐、生抽，拌匀腌渍约15分钟。④煎锅注入食用油烧热，放入腌渍好的鱼肉，煎至发出焦香味。⑤翻动鱼身，再煎至鱼肉呈金黄色。⑥盛出煎好的剥皮鱼，装盘，点缀姜丝、葱丝即可。

制作指导 鱼鳃上的刀口不宜切得过深，以免去除鱼皮时破坏鱼肉的完整。

香煎红衫鱼

材料 净红衫鱼200克，葱叶、姜片各少许

调料 盐、鸡粉各2克，料酒4毫升，生抽6毫升，食用油适量

做法 ①取一个碗，放入葱叶、姜片。②倒入处理好的红衫鱼，加入盐、鸡粉。③淋入料酒、生抽拌匀，腌渍约15分钟。④煎锅注油烧热，下姜片，爆香，再放入腌渍好的红衫鱼，略煎片刻。⑤翻转鱼身，用小火煎5分钟至熟。⑥盛出煎好的红衫鱼，放在盘中即成。

制作指导 红衫鱼的肉质较硬，腌渍的时间可以适当长一些。这样煎出的鱼口感会更好。

香煎黄脚立

材料 黄脚立鱼200克，姜片15克，葱叶8克，紫甘蓝丝、葱丝各少许

调料 盐2克，鸡粉2克，生抽、料酒、食用油各适量

做法 ①处理干净的黄脚立鱼入碗。②放姜片、葱叶、生抽、盐、鸡粉、料酒，抓匀腌渍。③煎锅注油烧热，下黄脚立鱼，煎至散出香味。④将黄脚立鱼翻面，煎1分30秒。⑤翻面，续煎一会至两面呈金黄色。⑥把煎好的黄脚立鱼盛入盘中，用紫甘蓝围边，撒葱丝即成。

制作指导 煎黄脚立鱼时要用小火，还应控制好时间，以免煎糊。

脆皮炸鲜奶

🔹 **材料** 牛奶300毫升，椰浆120毫升，生粉60克，面粉500克，黄油45克

🔹 **调料** 炼乳15克，白糖35克，吉士粉、食用油各少许

🔹 **做法**

① 取一个大碗，倒入少许牛奶、生粉、吉士粉。

② 倒入椰浆，挤入炼乳，搅拌均匀，制成奶浆。

③ 用油起锅，倒黄油，拌至融化，放水和白糖，大火煮化。

④ 倒入牛奶，拌匀至其呈糊状，盛出，装盘铺平、抹匀。

⑤ 将奶糊冻成形后，置于案板上，切条装盘，撒上生粉。

⑥ 把面粉装入碗中，加入清水，拌匀，至其呈稀糊状。

⑦ 淋入适量食用油，静置约30分钟，拌匀。

⑧ 奶条黏上面糊入热油锅，炸至金黄色，捞出装盘即可。

炸胡萝卜盒

材料 胡萝卜350克，瘦肉末180克，面粉170克，鸡蛋1个，泡打粉3克

调料 盐4克，鸡粉少许，黑芝麻油3毫升，生粉、水淀粉、食用油各适量

做法

① 将洗净去皮的胡萝卜切成片，待用。

② 锅注水烧开，放盐和胡萝卜片，煮至八成熟，捞出晾凉。

③ 鸡蛋打入小碗中，搅散调匀，制成蛋液，备用。

④ 面粉入碗，放泡打粉、盐、蛋液、水和油，拌成面糊。

⑤ 瘦肉末加盐、鸡粉、水淀粉搅拌起劲，倒黑芝麻油，拌匀。

⑥ 案板放胡萝卜片，拍生粉，放肉末，贴胡萝卜片，捏紧。

⑦ 锅注油烧热，胡萝卜盒生坯裹面糊入锅，搅动，炸熟。

⑧ 盛出炸好的胡萝卜盒，沥干油，放在盘中即成。

炸洋葱圈

🍲 **材料** 洋葱270克，鸡蛋1个，面包糠150克

🧂 **调料** 生粉适量，食用油少许

🍳 **做法**

❶ 洋葱洗净切片，剥成圈状，装入盘中待用。

❷ 鸡蛋入碗，打散调匀成蛋液，加入生粉，拌匀成蛋糊。

❸ 在洋葱圈上撒生粉，拌匀，依次粘上蛋糊、面包糠。

❹ 热锅注入食用油烧热，倒入洋葱圈，用小火炸约2分钟。

❺ 至洋葱圈呈金黄色后捞出，沥干油，待用。

❻ 另取一盘，放入炸好的洋葱圈，摆好即可。

🔺 **制作指导** 洋葱圈最好切得厚薄均匀，这样有利于熟透，菜品也更美观。

🔺 **营养功效** 洋葱含有维生素C、叶酸、钾、锌、硒及纤维素等营养成分，具有增强体质、刺激食欲等功效。

肉末炸鹌鹑蛋

材料 熟鹌鹑蛋125克，肉末60克

调料 盐1克，鸡粉1克，生粉3克，生抽3毫升，老抽2毫升，食用油适量

做法

❶ 将肉末装入碗中，加入少许生抽、盐、鸡粉，拌匀。

❷ 撒上适量的生粉，拌匀。

❸ 倒入少许清水，拌至起劲。

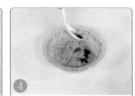

❹ 加入少许老抽，拌匀上色。

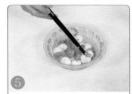

❺ 倒入熟鹌鹑蛋，拌匀，裹上肉末，装在盘中，待用。

❻ 热锅注油烧热，放入裹好的鹌鹑蛋，用小火炸至断生。

❼ 轻轻搅动鹌鹑蛋，转中火略炸，至食材熟透。

❽ 捞出鹌鹑蛋，沥干油，取盘，放入炸好的鹌鹑蛋摆好即可。

香炸酸甜土豆肉

材料 土豆120克，猪肉80克，蛋液30克，蒜末、葱段各少许

调料 盐3克，料酒3毫升，白糖12克，西红柿酱20克，生粉、水淀粉各适量，沙拉酱、食用油各少许

做法 ①土豆切块；猪肉切丁。②肉丁加盐、料酒、蛋液、生粉，拌匀装盘。③肉丁、土豆均入油锅炸熟，捞出沥油。④锅留油，爆香蒜、葱，加水、糖、盐、西红柿酱煮沸。⑤倒水淀粉、土豆、肉丁、沙拉酱炒匀。⑥盛出装盘即可。

制作指导 土豆最好切成大小均匀的块，这样炒好的菜肴更美观。

焦炸肥肠

材料 熟猪大肠80克，鸡蛋1个，花椒、姜片、蒜末、葱花各少许

调料 盐3克，鸡粉3克，料酒10毫升，生抽5毫升，陈醋8毫升，孜然粉2克，生粉、食用油各适量

做法 ①熟猪大肠切段。②猪大肠放蛋黄、生粉拌匀。③油锅烧热，下猪大肠，炸至金黄色捞出。④油起锅，炒香姜片、蒜末、花椒。⑤倒炸好的猪肠、料酒、生抽、陈醋、盐、鸡粉炒匀。⑥加孜然粉、葱花炒匀，盛出装盘即可。

制作指导 炸猪肠的时间可以稍微久一点，把里面的肥油炸出来，口感会更好。

酥炸带鱼

材料 带鱼300克，鸡蛋45克，花椒、葱花各少许

调料 生粉10克，生抽8毫升，盐2克，鸡粉2克，料酒5毫升，辣椒油7毫升，食用油适量

做法 ①带鱼加生抽、盐、鸡粉拌匀。②倒蛋黄、生粉裹匀腌渍。③锅注油烧热，下腌好的带鱼，炸至金黄色，捞出沥油。④锅留油，倒花椒爆香，放炸好的带鱼、料酒、生抽、辣椒油。⑤再加盐、葱花炒匀。⑥盛出装盘即可。

制作指导 炸带鱼时要将带鱼搅散，这样能使其受热均匀。

脆炸生蚝

材料 发粉250克，生蚝肉120克

调料 盐2克，料酒6毫升，生粉、食用油各适量

做法 ①发粉加水调成面浆。②加食用油，用筷子将面浆调匀。③锅注水烧开，放入洗净的生蚝肉，煮沸。④加盐、料酒，搅匀，煮1分钟，捞出，沥干水分，裹上生粉，装盘。⑤热锅注油烧热，生蚝肉裹上面浆入锅，炸2分钟至其呈金黄色，捞出。⑥取数个锡纸杯，放入盘中，再逐一放入炸好的生蚝即可。

制作指导 生蚝宜现买现吃，否则会影响口感。发粉即用面粉、泡打粉和盐制成。

酥炸牛蛙

🥄 **材料** 牛蛙肉180克，鸡蛋1个，面包糠100克，沙拉酱40克，蒜末少许

🧂 **调料** 盐、鸡粉各2克，料酒5毫升，生粉、食用油各适量

🍲 **做法**

❶ 将处理干净的牛蛙肉切成小块。

❷ 把切好的牛蛙肉装入碗中，加入盐、鸡粉，淋上料酒。

❸ 撒上蒜末，搅拌匀，腌渍约10分钟，至食材入味。

❹ 鸡蛋打开，取出蛋黄，待用。

❺ 取来腌渍好的牛蛙肉，加入备好的蛋黄，搅拌匀。

❻ 撒上少许生粉，拌匀上浆，再滚上面包糠，装入盘中。

❼ 热锅注油烧热，放入备好的牛蛙肉，搅匀，炸1分30秒。

❽ 至其熟后捞出沥干油，装盘，食用时佐以沙拉酱即成。

炸鱿鱼圈

🔹 材料 鱿鱼120克，鸡蛋1个，炸粉100克

🔹 调料 盐2克，生粉10克，料酒8毫升，番茄酱、食用油各适量

🔹 做法

❶ 将处理好的鱿鱼肉切成圈。

❷ 鸡蛋打开，取蛋黄入碗，打散调匀，加入生粉，搅匀。

❸ 锅中注水烧开，放入料酒，倒入鱿鱼圈，氽至变色。

❹ 捞出鱿鱼圈，放入干毛巾中，稍用力按压，吸干水分。

❺ 吸干水分的鱿鱼圈入碗，倒入调好的蛋液、盐，搅匀。

❻ 加入炸粉，将鱿鱼圈裹均匀。

❼ 热锅注油烧热，放入鱿鱼圈，搅匀，炸至金黄色。

❽ 捞出炸好的鱿鱼圈，沥干油装盘，挤上番茄酱即可。

蒜香虾枣

材料 虾胶100克，蒜末少许，鸡蛋1个

做法

❶ 鸡蛋打开，取蛋黄倒入碗中。

❷ 将虾胶装入碗中，放入蒜末，再倒入蛋黄。

❸ 将虾胶和蛋黄抓匀，待用。

❹ 热锅注油，烧至五成热，关火。

❺ 将虾胶挤成枣状，放入油锅中，浸炸至虾枣成型。

❻ 待虾枣浮在油面上，开火，搅匀，炸至微黄色。

❼ 把炸好的虾枣捞出，沥油。

❽ 最后将虾枣装入盘中即可。

Part 6

鲜美汤羹

"宁可食无肉，不可食无汤。"汤羹在中国古代食物中就已经占据了重要的一席。想要做出一锅汤羹并不难，但是如何保证我们在结束一天的劳碌之后，能美美地喝上一碗滋味鲜香、营养丰富的汤羹，给身体解乏的同时补充足够的能量呢？看看本章诱人汤羹的制作，你就会有所储备啦！

调制汤羹的注意事项

> 汤羹可采用隔水蒸或炖的烹饪方式来制作，是指将原料放入容器内，加入足量水和调味品，再放入蒸具蒸制，或放锅内隔水炖，至原料熟烂为止的烹饪方式。说起来十分简单，其实，煲一锅鲜美的汤羹也是一门"高技术含量"的工作。

🥣 选料要得当

用于制汤羹的原料，通常为动物性原料，如鸡肉、鸭肉、猪瘦肉、猪肘子、猪骨、火腿、板鸭、鱼类等，这类食品含有丰富的蛋白质和核苷酸等。其中，家禽肉中能溶解于水的含氮浸出物是汤羹鲜味的主要来源。汤羹食材采购时应注意，原料必须鲜味足、异味小、血污少。

🥣 配水要合理

水既是鲜香食品的溶剂，又是传热的介质。水温的变化、用量的多少，对汤的风味有着直接的影响。做汤羹时，用水量通常是主要食材重量的3倍，同时应使食品与冷水一起受热，既不直接用沸水煨汤羹，也不中途加冷水，这样才可保证食品的营养物质缓慢地溢出，最终达到汤色清澈的效果。

🥣 调味用料有秩序

注意调味用料投放顺序。熬汤羹时不宜先放盐，因为盐会使原料中的水分排出，蛋白质凝固，使汤煲鲜味不足。通常，$60 \sim 80 ℃$的温度会破坏食材中的部分维生素，故在汤中加蔬菜应随放随吃，以减少对维生素C的破坏。

🥣 食品要新鲜

"新鲜"并不是传统的"肉吃鲜杀鱼吃跳"的时鲜，这里所说的"鲜"，是指鱼、畜、禽宰杀后$3 \sim 5$小时，此时鱼、畜或禽肉中的各种酶，使蛋白质、脂肪等分解为人体易于吸收的氨基酸、脂肪酸，味道也最好。

🥣 选择好炊具

制鲜汤羹以陈年瓦罐煨煮效果最佳，不仅炊具通气性、吸附性好，还具有传热均匀、散热缓慢等特点。煨制鲜汤羹时，瓦罐能均衡而持久地把外界热量传递给内部原料。相对平衡的环境温度，有利于水分与食物的相互渗透，这种相互渗透的时间持续得越长，鲜香成分溶出得越多，汤的滋味就越鲜醇。

小汤羹，大讲究

> 人们常说："麻雀虽小，五脏俱全。"这个道理运用在汤羹上同样适用。制作汤羹并不比制作出一道或炖或烧的菜工序来得少，就是在食用上也有很大的讲究。

因时饮汤羹

春夏汤羹宜清淡

春夏季营养消耗较大，而夏季天气炎热又影响人的食欲，煲汤不要太油腻，忌燥热，应以清淡为主，供应充足的维生素和水，保证充足的矿物质及适量蛋白质补充。煲汤宜用含维生素较多的水果，以确保机体在春夏季新陈代谢旺盛时可维持正常进行所需；宜用清热利湿的食物，补充足够的水分和矿物质。

秋冬汤羹宜醇厚

秋、冬是进补的季节，肥鲜醇浓是这个时节汤的特点。不仅肥鲜醇浓，还要多用野味，多用猪牛羊肉，多用老鸡、老鸭，多用药材，烹制时重油、重味、重色，多炖焖煨，器皿多用砂锅、火锅、瓦罐，味道多咸甜香辣。初秋时节还是以清淡为主，但盐的用量要稍加些，以补暑期盐分的损失；渐入深秋，在味道上要稍稍多些辛辣，促进血液的循环。古人说"秋多辣，冬多咸"即是说秋冬季汤羹要用厚味，但在操作时还是要灵活掌握。盐用得多了，易增加肾

脏的负担；一味地用高蛋白、高脂肪的原料，会使人的营养摄入过剩，损伤脾胃，因此要注意一个度。

怎样用水最合理

想煲出上好的汤品，在用水上也是大有讲究的。如果了解了食材与烹饪之间的关系，科学添加用水，做出靓汤也不是什么难事。

煲汤用水知多少

熬汤所用的水也是非常有讲究的。水温的变化、用量的多少，对汤的营养和风味有着直接的影响。原料与水分别按1：1、1：1.5、1：2 等不同的比例煲汤，汤的色泽、香气、味道大有不同，其中以 1：1.5 时最佳。

煲汤先汆水

动物性材料都不同程度地含有一股腥膻味，主要是血污所致。如将其水煮后捞出洗净，可除去大部分异味，此时再用净锅加清水放原料熬制，熬出来的汤汁洁白干净，浮沫少，无异味。

黄花菜健脑汤

材料 水发黄花菜80克，鲜香菇40克，金针菇90克，瘦肉100克，葱花少许

调料 盐3克，鸡粉3克，水淀粉、食用油各适量

做法 ①将材料处理好待用。②将肉片加入少许盐、鸡粉、水淀粉，抓匀。③注入油，腌渍10分钟至入味。④锅中注水烧开，倒入油，放入材料，加入适量盐、鸡粉拌匀，煮至沸。⑤倒入瘦肉拌匀，煮约1分钟至熟。⑥将煮好的汤料盛出，装入碗中，撒上葱花即成。

制作指导 香菇、金针菇入锅后，不宜煮制过久，以免影响成品鲜嫩的口感。

金针白玉汤

材料 豆腐150克，大白菜120克，水发黄花菜100克，金针菇80克，葱花少许

调料 盐3克，鸡粉少许，料酒3毫升，食用油适量

做法 ①将洗净的材料处理待用。②锅中注水加盐，放豆腐块、黄花菜煮1分钟捞出待用。③用油起锅，倒入白菜丝、金针菇，加料酒翻炒至白菜渗出汁水。④注水，加盖煮至汤汁沸腾。⑤揭盖加焯过的食材拌匀，加入盐、鸡粉拌匀煮至食材入味。⑥盛出撒葱花即成。

制作指导 将白菜梗先倒入油锅翻炒一会儿，再放入白菜叶，这样可使菜肴的口感更好。

木耳丝瓜汤

材料 水发木耳40克，玉米笋65克，丝瓜150克，瘦肉200克，胡萝卜片、姜片、葱花各少许

调料 盐3克，鸡粉3克，水淀粉2克，食用油适量

做法 ①将洗净的木耳、玉米笋、丝瓜、胡萝卜片处理待用。②将洗净的瘦肉切成片，把瘦肉装入碗中，放入盐、鸡粉、水淀粉，抓匀，注入适量食用油，腌渍10分钟至入味。③锅中注入适量清水烧开，加入少许食用油，放入少许姜片，下入木耳，再倒入丝瓜、胡萝卜、玉米笋，搅拌匀。④放入适量盐、鸡粉，拌匀调味，盖上盖，用中火煮2分钟至熟。⑤揭盖，倒入腌渍好的肉片，搅拌均匀，用大火煮沸。⑥把汤盛出，加葱花即可。

淮山冬瓜汤

材料 山药100克，冬瓜200克，姜片、葱段各少许

调料 盐2克，鸡粉2克，食用油适量

做法 ①将洗净去皮的山药切厚块，改切成片，洗好去皮的冬瓜切成片。②用油起锅，放入姜片，爆香，倒入切好的冬瓜，拌炒匀。③注入适量清水，放入山药。④盖上盖，烧开后用小火煮15分钟至食材熟透。⑤揭盖，放入适量盐、鸡粉，拌匀调味。⑥将锅中汤料盛出，装入碗中，放入葱段即可。

制作指导 冬瓜宜切成薄片，这样汤汁会更易入味，口感也会更佳。

冬瓜红豆汤

材料 冬瓜300克，水发红豆180克

调料 盐3克

做法

① 洗净去皮的冬瓜切块，再切条，改切成丁。

② 砂锅中注入适量清水烧开，倒入洗净的红豆。

③ 加盖烧开后转小火炖至红豆熟软，揭盖放入冬瓜丁。

④ 再盖上盖，用小火再炖20分钟至食材熟透。

⑤ 揭盖，放入少许盐，拌匀调味。

⑥ 关火后盛出煮好的汤料，装入碗中即成。

制作指导 若喜食冬瓜稍脆的口感，可将冬瓜切成大块。

营养功效 冬瓜含糖量低，含水量较高，能利水消肿，对糖尿病、冠心病、动脉硬化、高血压及肥胖病患者有良好的食疗作用。

芦笋玉米西红柿汤

材料 玉米棒200克，芦笋100克，西红柿100克，葱花少许

调料 西红柿酱15克，盐、鸡粉各2克，食用油少许

做法

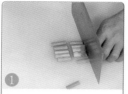

❶ 将芦笋切成段，玉米棒切成小块，西红柿切成小块。

❷ 砂锅中注水烧开，倒入玉米棒，放入西红柿块。

❸ 盖上盖，煮沸后用小火煮约15分钟，至食材熟软。

❹ 揭盖，淋上少许食用油，倒入切好的芦笋，搅拌匀。

❺ 加入盐、鸡粉、西红柿酱拌匀，续煮至食材熟透、入味。

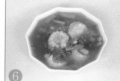

❻ 关火后盛出煮好的汤料，装入碗中，撒上葱花即成。

制作指导 西红柿易熟，也可与芦笋一起放入锅中，这样西红柿的口感就不会太绵软。

营养功效 西红柿含有机碱、西红柿红素、维生素A、B族维生素及钙、磷、镁等营养物质，有健胃消食的功效。

芙蓉南瓜汤

🔹 **材料** 南瓜240克，鸡蛋2个，蒜末10克，枸杞、香菜各少许

🔹 **调料** 盐2克，鸡粉2克，食用油适量

🔹 **做法**

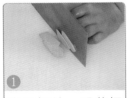

① 南瓜切片，香菜切成段，鸡蛋打开，取蛋清，备用。

② 锅中注入适量食用油烧热，倒入蒜末，爆香。

③ 放入南瓜，翻炒匀，倒入适量开水，搅拌几下。

④ 放入洗净的枸杞，煮2分钟。

⑤ 加入盐、鸡粉，拌匀调味，倒入蛋清，略煮片刻。

⑥ 关火后将煮好的汤料盛出，装入盘中即可。

🔸 **制作指导** 南瓜煮的时间不宜过长，否则容易煮烂，影响成品外观。

🔸 **营养功效** 南瓜含有胡萝卜素和多种维生素、微量元素，能降低血清胆固醇含量，是高血压病患者的理想食材。

南瓜口蘑汤

材料 南瓜100克，口蘑70克，香菜15克，高汤300毫升，蒜末少许

调料 盐3克，鸡粉少许，食用油适量

做法

① 南瓜、口蘑切片，再切成丁，洗净的香菜切碎，备用。

② 蒸锅烧开，放南瓜蒸盘蒸熟，取出蒸好的南瓜片备用。

③ 锅中加水盐烧开，口蘑焯好；将南瓜制成南瓜泥待用。

④ 油锅加蒜、口蘑炒匀，加高汤、南瓜泥拌匀，煮1分钟。

⑤ 待汤汁沸腾，加入鸡粉、盐调味，续煮至汤汁入味。

⑥ 关火后盛出煮好的汤料，装入碗中，撒上香菜末即成。

制作指导 香菜要趁热撒在汤碗中，这样香味才能更容易散发出来。

营养功效 南瓜含有淀粉、B族维生素等成分，有润肺益气的功效。此外，南瓜能预防高血压。

香菇白菜瘦肉汤

材料 水发香菇60克，大白菜120克，猪瘦肉100克，姜片、葱花各少许

调料 盐3克，鸡粉3克，水淀粉、料酒、食用油各适量

做法 ①把洗净的大白菜切成小块，洗好的香菇切成片，洗净的猪瘦肉切成片。②将肉片装入碗中，放入少许盐、鸡粉，倒入适量水淀粉，抓匀，注入少许食用油，腌渍10分钟至入味。③油锅放姜片爆香，加香菇、大白菜炒匀。④淋入少许料酒，炒香，倒入适量清水，搅拌匀，盖上盖，用大火煮沸。⑤揭盖，放入适量盐、鸡粉，拌匀调味，倒入肉片，搅散，用大火煮至汤沸腾。⑥把煮好的汤盛出，装入碗中，放入葱花即可。

猴头菇山楂瘦肉汤

材料 水发猴头菇80克，山楂80克，猪瘦肉150克，葱花少许

调料 料酒8毫升，盐2克，鸡粉2克

做法 ①材料自净备用。②砂锅中注入适量清水烧开，放入瘦肉丁，加入切好的猴头菇，倒入山楂。③淋入适量料酒，搅拌匀。④盖上盖，烧开后小火煮30分钟至熟。⑤揭开盖子，加入适量盐、鸡粉，用勺拌匀调味。⑥关火后盛出煮好的汤料，装入汤碗中，撒上葱花即可。

制作指导 一定要在猴头菇全部发开后再烹制，这样其口感更佳。

灵芝红枣瘦肉汤

材料 猪瘦肉300克，红枣15克，玉竹10克，灵芝20克

调料 盐2克

做法 ①洗净的猪瘦肉切条，改切成丁，备用。②砂锅中注入适量清水烧开，放入瘦肉丁。③倒入洗净的红枣、玉竹、人参，拌匀。④盖上盖，烧开后用小火煮40分钟，至食材熟透。⑤揭盖，加入少许盐调味，搅拌匀，略煮片刻，至食材入味。⑥关火后将煮好的汤料盛出，装入碗中即可。

制作指导 清洗灵芝时的动作要轻，以免破坏灵芝表面的孢子粉，损失营养。

瘦肉莲子汤

材料 猪瘦肉200克，莲子40克，胡萝卜50克，党参15克

调料 盐2克，鸡粉2克，胡椒粉少许

做法 ①洗好的胡萝卜切成小块，洗净的猪瘦肉切片，备用。②砂锅中注入适量清水，加入备好的莲子、党参、胡萝卜，放入瘦肉，拌匀。③盖上盖，用小火煮30分钟。④揭开盖，放入少许盐、鸡粉、胡椒粉。⑤搅拌拌匀，至食材入味。⑥关火后盛出煮好的汤料，装入碗中即可。

制作指导 可将莲子心去除，以免有苦味。

芥菜瘦肉豆腐汤

材料 豆腐350克，芥菜70克，猪瘦肉80克

调料 盐3克，鸡粉3克，胡椒粉、芝麻油、食用油各适量

做法 ①洗净的芥菜切小段，洗好的豆腐切成条，改切成小块，洗净的猪瘦肉切薄片。②将瘦肉片装入碗中，加入少许盐、鸡粉，拌匀，再倒入适量水淀粉，拌匀上浆，倒入食用油，腌渍约10分钟，待用。③用油起锅，倒入芥菜段，炒至断生，注入适量清水，盖上盖，用大火煮至沸。④揭盖，倒入豆腐块，轻轻拌匀，放入腌好的肉片，搅拌匀，煮至断生。⑤加入鸡粉、盐调味，撒上胡椒粉，淋入芝麻油，拌煮至入味。⑥关火后盛出煮好的豆腐汤即可。

白术党参猪肘汤

材料 猪肘500克，白术10克，党参10克，姜片15克，枸杞8克

调料 盐2克，鸡粉2克，料酒7毫升，白醋10毫升

做法 ①锅中注水烧开，加猪肘、白醋，搅动煮约2分钟。②去除血渍后捞出待用。③砂锅中注水烧开，倒入处理好的材料混合均匀。④淋料酒提味，加盖转小火煮至食材熟透。⑤揭盖加盐、鸡粉调味，续煮至汤汁入味。⑥关火后盛出煮好的猪肘汤，装入汤碗中即成。

制作指导 猪肘汆好后最好用清水清洗几次，这样煮出的汤杂质会更少一些。

山药红枣猪蹄汤

材料 猪蹄400克，山药200克，姜块20克，红枣20克

调料 白醋10毫升，料酒10毫升，盐2克，鸡粉2克

做法 ①洗净的山药治净备用。②锅中注水烧开，加猪蹄、白醋，汆去血水，把猪蹄捞出备用。③取砂锅，加水煮至沸腾，放入红枣、猪蹄、姜块，淋料酒，炖30分钟。④揭盖放山药拌匀炖20分钟。⑤揭盖放盐、鸡粉至入味。⑥关火后将煮好的食物盛出，装盘即可。

制作指导 新鲜山药切开后会有黏液，极易滑刀伤手，可以放入清水中加醋清洗，这样可减少黏液。

红枣白萝卜猪蹄汤

材料 白萝卜200克，猪蹄400克，红枣20克，姜片少许

调料 盐2克，鸡粉2克，料酒16毫升，胡椒粉2克

做法 ①白萝卜切成小块。②锅中注水烧开，倒猪蹄、料酒至煮沸，将汆好的猪蹄捞出。③砂锅中注水烧开，倒入猪蹄、红枣、姜片，淋料酒拌匀。④加盖煮至熟软；加萝卜续煮至食材熟透。⑤揭盖放盐、鸡粉、胡椒粉，搅拌至食材入味。⑥将煮好的汤料盛出即可。

制作指导 白萝卜以煮至透明状，能用筷子插入为佳。

双仁菠菜猪肝汤

材料 猪肝200克，柏子仁10克，酸枣仁10克，菠菜100克，姜丝少许

调料 盐2克，鸡粉2克，食用油适量

做法

❶ 把柏子仁、酸枣仁装入隔渣袋中，收紧口袋，备用。

❷ 洗好的菠菜切成段，处理好的猪肝切成片，备用。

❸ 锅中注水烧热放隔渣袋，加盖煮至药材分解出有效成分。

❹ 取隔渣袋，放姜丝、油，加猪肝、菠菜段拌匀，煮沸。

❺ 放入少许盐、鸡粉，搅拌片刻，至汤汁味道均匀。

❻ 关火后盛出煮好的汤料，装入碗中即可。

制作指导 酸枣仁味道较重，可以先在温水里泡一会儿，会使汤的味道更好。

营养功效 酸枣仁味甘、酸，性平，具有宁心安神、敛汗的功效，主治虚烦不眠、烦渴、体虚自汗、盗汗。

西红柿猪肚汤

材料 西红柿150克，猪肚130克，姜丝、葱花各少许

调料 盐2克，鸡粉2克，料酒5毫升，胡椒粉、食用油各适量

做法

① 西红柿切成小块，备用，处理干净的猪肚切成块。

② 炒锅中倒入适量食用油，放入姜丝，爆香。

③ 放猪肚翻炒片刻，淋料酒炒匀去腥；放入西红柿，炒匀。

④ 倒入适量清水，盖上锅盖，用大火煮2分钟，至食材熟透。

⑤ 揭开锅盖，放入适量盐、鸡粉、胡椒粉，搅匀调味。

⑥ 关火后盛出煮好的汤料，装入碗中，撒上葱花即可。

制作指导 清洗猪肚里面的黏液时，可以放入一些粗盐搓洗，更易清洗干净。

营养功效 西红柿含有胡萝卜素、钙、磷、锌等营养成分，具有健胃消食、益气补血和增进食欲的功效。

参蓉猪肚羊肉汤

材料 羊肉200克，猪肚180克，当归15克，肉苁蓉15克，姜片、葱段各适量

调料 盐2克，鸡粉2克

做法 ①处理干净的猪肚、羊肉切成块备用。②锅中注水烧开，加羊肉、猪肚拌匀，淋料酒煮至沸，汆去血水，捞出待用。③砂锅中注水烧开，倒入当归、肉苁蓉、姜片，放入羊肉和猪肚，淋料酒。④烧开后炖至食材熟透。⑤加盐、鸡粉拌匀，略煮至食材入味。⑥盛出汤料，装入碗中，放入备好的葱段即可。

制作指导 猪肚不易炖烂，可以多炖一会儿。

莴笋猪血豆腐汤

材料 莴笋100克，胡萝卜90克，猪血150克，豆腐200克，姜片、葱花各少许

调料 盐2克，鸡粉3克，胡椒粉少许，芝麻油2毫升，食用油适量

做法 ①洗净的材料治净备用。②用油起锅，放入姜片爆香。③倒水烧开，加盐、鸡粉，放入莴笋、胡萝卜，拌匀。④倒入豆腐块、猪血，用中火煮2分钟，至食材熟透。⑤揭盖加鸡粉，淋入芝麻油。拌匀略煮片刻，至食材入味。⑥盛出汤料，装入碗中，撒上葱花即可。

制作指导 猪血烹制前要泡在水中，否则会影响口感。

猪血豆腐青菜汤

材料 猪血300克，豆腐270克，生菜30克，虾皮、姜片、葱花少许

调料 盐2克，鸡粉2克，胡椒粉、食用油各适量

做法 ①洗净的豆腐、猪血切成方块备用。②锅中注水烧开，倒虾皮、姜片、豆腐、猪血。③加入盐、鸡粉拌匀，加盖煮2分钟。④淋油，放入洗净的生菜，拌匀。⑤撒入适量胡椒粉，搅拌均匀，至食材入味。⑥关火后盛出煮好的汤料，装入碗中，撒上葱花即可。

制作指导 猪血烹制前要泡在水中，否则会影响口感。

青菜猪肝汤

材料 猪肝90克，菠菜30克，高汤200毫升，胡萝卜25克，西红柿55克

调料 盐2克

做法 ①将洗净的菠菜切碎；洗好的猪肝切成粒。②洗净的西红柿切片，改切成粒。③洗好的胡萝卜切片，再切丝。④用油起锅，倒入适量高汤，加入适量盐，倒入胡萝卜、西红柿，烧开。⑤放入猪肝，拌匀煮沸，下入切好的菠菜，搅拌均匀，用大火烧开。⑥将锅中汤料盛出，装入碗中即可。

制作指导 煮制此汤时，选用呈褐色或紫色，有弹性、光泽，无腥臭异味的新鲜猪肝，口感会更佳。

猪肝瘦肉生津汤

材料 鲜菊花8克，猪肝120克，猪瘦肉140克，生地10克，干菊花6克，天冬60克，陈皮8克，葱花少许

调料 盐3克，鸡粉3克，料酒5毫升，生粉5克，水淀粉5毫升，胡椒粉适量

做法 ①瘦肉、猪肝切成片。②将瘦肉猪肝放盐、鸡粉、料酒、胡椒粉。③再加生粉、油拌匀腌至入味备用。④锅中注水烧开，倒入中药材搅匀炖煮。⑤放盐、鸡粉，倒瘦肉和猪肝搅散煮至熟透。⑥盛出汤料装碗，摆上鲜菊花、葱花即可。

制作指导 瘦肉和猪肝不宜煮太久，否则容易煮老，影响口感。

瓦罐莲藕汤

材料 排骨350克，莲藕200克，姜片20克

调料 料酒8毫升，盐2克，鸡粉2克，胡椒粉适量

做法 ①莲藕切成丁。②锅中注水烧开，加排骨、料酒煮沸，氽去血水捞出。③瓦罐中注水烧开，放排骨煮至沸腾。④倒姜片煮至排骨五成熟。⑤倒莲藕拌匀，续煮至排骨熟透。⑥放鸡粉、盐、胡椒粉调味，关火后盖上盖焖一会儿，将瓦罐从灶上取下即可。

制作指导 熬汤时水要一次性加足，中途不能加水，否则排骨的蛋白质不能溶解，并且汤会变浑浊。

杜仲花生排骨汤

材料 排骨段380克，水发黑豆、水发花生米各100克，杜仲、红枣各10克，枸杞、姜片各少许

调料 盐、鸡粉各2克，料酒5毫升

做法 ①锅中注水放排骨段汆煮一会儿。②捞出排骨待用。③锅中注水烧开，放入杜仲、红枣、枸杞、姜片。④倒入黑豆、花生米、排骨段，淋料酒，煲煮至食材熟透。⑤加盐、鸡粉调味，续煮至汤汁入味。⑥关火后盛出煮好的排骨汤，装入汤碗中即成。

制作指导 煲煮排骨汤时最好搅拌几次，这样排骨的营养物质更容易分解出来。

番石榴排骨汤

材料 番石榴160克，排骨300克，姜片、葱花各少许

调料 盐2克，鸡粉2克

做法 ①番石榴切块。②锅中注水烧开，加排骨汆去血水捞出。③锅中注水烧开，倒排骨、姜片，炖至排骨熟软。④揭开盖，加入番石榴，搅匀；盖上盖，用小火再炖10分钟，至食材熟透。⑤揭开盖，加入盐、鸡粉，搅动片刻，使汤汁更入味。⑥盛出炖煮好的汤料，装入碗中，撒上葱花即可。

制作指导 番石榴果肉软嫩多汁，炖煮时间不宜过长，以免影响口感。

海底椰无花果猪骨汤

材料 猪骨段400克，雪梨100克，无花果50克，海底椰15克，姜片、葱花各少许

调料 盐、鸡粉各2克，料酒6毫升

做法 ①雪梨切块。②锅中注水烧热，倒猪骨段，淋料酒煮沸，捞出待用。③锅中注水烧开，放无花果、海底椰、姜片、猪骨段，淋料酒煮至猪骨熟软。④加雪梨块拌匀，煮至食材熟透。⑤加盐、鸡粉调味，略煮至汤汁入味。⑥盛出猪骨汤装碗，撒上葱花即成。

制作指导 雪梨块浸入清水中泡一会儿再使用，会减轻煮熟后的涩味。

葛根猪骨汤

材料 排骨段400克，玉米块170克，葛根150克

调料 盐少许

做法 ①将葛根切小块，备用。②锅中注水烧开，倒入排骨段，余去血渍，捞出排骨段待用。③砂锅中注入适量清水烧开，倒入余过水的排骨段，放入玉米块、葛根块，搅匀。④煮沸后转小火煮约30分钟至食材熟透。⑤加入少许盐，搅拌匀，续煮片刻，至汤汁入味。⑥盛出煮好的猪骨汤，装入汤碗中即成。

制作指导 排骨余好后用凉开水清洗一下，可以使其肉质更有韧劲。

奶香牛骨汤

材料 牛奶250毫升，牛骨600克，香菜20克，姜片少许

调料 料酒、盐、鸡粉各适量

做法 ①香菜切段，备用。②锅中注水烧开，倒入牛骨，搅散开。③淋入料酒10毫升，煮沸后去除血水，把汆好的牛骨捞出，装盘备用。④砂锅注入适量清水烧开，放入牛骨，加入姜片。⑤加料酒10毫升，加盖，小火炖2小时至熟。⑥揭盖，放入盐、鸡粉，倒入牛奶，拌匀，烧开，盛出装碗，放上香菜即可。

制作指导 牛骨用水冲洗干净后，用纯碱煮沸，可以去掉其表面的油脂。

豌豆苗牛丸汤

材料 豌豆苗90克，牛肉丸120克

调料 盐2克，胡椒粉少许，鸡汁15毫升，食用油适量

做法 ①牛肉丸切网格花刀，备用。②锅中注入适量清水烧开，放入切好的牛肉丸，加入适量食用油，倒入鸡汁，搅拌匀，放入少许盐。③盖上盖，用中火煮2分钟至七成熟。④揭开盖，放入洗净的豌豆苗，搅拌匀，煮至熟软。⑤放入少许胡椒粉，拌匀调味。⑥关火后将煮好的汤料盛出，装入汤碗中即可。

制作指导 牛肉丸切花刀时，要掌握深浅力度，切得太深会将牛肉丸煮散。

清炖枸杞牛鞭汤

材料 牛鞭300克，姜片20克，枸杞10克

调料 盐、鸡粉各2克，料酒5毫升，白醋、食用油各适量

做法 ①锅注水烧热，下牛鞭煮至断生。②捞出牛鞭，加盐和醋清洗，切小段。③用油起锅，放姜爆香，倒牛鞭、料酒炒匀。④注水，撒上枸杞，大火煮沸。⑤盛出锅中的食材转入砂锅，并置于火上，小火煲煮熟。⑥加盐、鸡粉，拌匀，再煮至入味，取下砂锅即可。

制作指导 砂锅可以事先预热一会儿，这样可以缩短煲煮的时间。

萝卜牛尾汤

材料 牛尾600克，白萝卜400克，姜片、葱花各少许

调料 盐3克，鸡粉2克，胡椒粉1克，料酒适量

做法 ①白萝卜切丁。②锅注水烧开，倒入牛尾和料酒，汆煮后捞出。③砂锅注水烧开，放姜片、牛尾，煮沸后加料酒，拌匀，烧开后小火炖熟。④倒入白萝卜，拌匀，小火续炖熟。⑤注水煮沸，加盐、鸡粉调味。⑥放葱花、胡椒粉拌匀，端下炖好的牛尾汤即可。

制作指导 汆煮牛尾时最好撇去浮沫，这样能去除牛尾腥味。

羊肉胡萝卜丸子汤

材料 羊肉末150克，胡萝卜40克，洋葱20克，姜末少许

调料 盐2克，鸡粉2克，生抽3毫升，胡椒粉1克，生粉、食用油各适量

做法 ①洗净的胡萝卜切粒；洗好的洋葱切粒。②取大碗，放羊肉末、盐、鸡粉、生抽、胡椒粉、姜末拌匀。③倒洋葱、胡萝卜、生粉，摔打起劲成羊肉泥。④锅注水烧开，加盐、鸡粉略煮。⑤把羊肉泥制成数个羊肉丸子入锅，中火煮熟。⑥撇去浮沫，盛出装碗即可。

制作指导 在切洋葱前，把菜刀在冷水中浸泡一会儿再切，就不会刺激眼睛了。

黑豆莲藕鸡汤

材料 水发黑豆100克，鸡肉300克，莲藕180克，姜片少许

调料 盐、鸡粉各少许，料酒5毫升

做法 ①洗净去皮的莲藕对半切丁；洗好的鸡肉斩小块。②锅注水烧开，倒入鸡块，氽去血水后捞出，沥干水分。③砂锅注水烧开，放入姜片，倒入氽过水的鸡块和洗好的黑豆、藕丁，淋入料酒。④煮沸后用小火炖煮熟。⑤加少许盐、鸡粉调味，续煮至入味。⑥盛出煮好的鸡汤，装入汤碗中即成。

制作指导 煮汤前最好将黑豆泡软后再使用，这样可以缩短烹饪的时间。

人参糯米鸡汤

材料 鸡腿肉块200克，水发糯米120克，红枣、桂皮各20克，姜片15克，人参片10克

调料 盐3克，鸡粉2克，料酒5毫升

做法

① 锅注水烧开，倒入洗净的鸡腿肉块，拌匀，淋入料酒。

② 用大火煮一会儿，氽去血渍，捞出，沥干水分，待用。

③ 砂锅注水烧开，放入材料和氽过水的肉块，搅散。

④ 盖上盖，煮沸后用小火煮约40分钟，至食材熟透。

⑤ 揭盖，加入盐、鸡粉，转中火拌煮片刻，至汤汁入味。

⑥ 关火后盛出煮好的糯米鸡汤，装入碗中即可。

制作指导 糯米最好先用温水泡发，这样能缩短煲煮的时间。

营养功效 糯米为温补强壮的食品，具有补中益气、健脾养胃、止虚汗的功效，很适合女性食用。

青橄榄鸡汤

材料 鸡肉350克，玉米棒150克，胡萝卜70克，青橄榄40克，姜片、葱花各少许

调料 鸡粉2克，胡椒粉少许，盐2克，料酒6毫升

做法

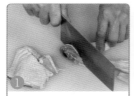

① 胡萝卜切小块，玉米棒切厚块，鸡肉斩切小块。

② 锅注水烧开，放入鸡肉块，汆煮，捞出，沥干水分。

③ 锅注水烧开，倒鸡块、青橄榄、姜、玉米、胡萝卜、料酒。

④ 盖上盖，烧开后用小火煮40分钟至食材熟透。

⑤ 揭盖，去浮沫，加盐、鸡粉、胡椒粉，略煮入味。

⑥ 关火后盛出煮好的汤料，装入碗中，放入葱花即可。

制作指导 鸡肉块不可切得太大，否则不易入味，口感欠佳。

营养功效 鸡肉蛋白质含量高，而脂肪含量低，具有增强免疫力、温中益气、补虚填精、强筋骨等功效。

🥣 猴头菇煲鸡汤

🔄 **材料** 水发猴头菇50克，玉米块120克，鸡肉块350克，姜片少许

🧂 **调料** 鸡粉2克，盐2克，料酒8毫升

🍳 **做法** ①将洗好的猴头菇切小块。②锅注水烧开，倒入鸡块、料酒，拌匀，煮沸，氽去血水，捞出，沥干水分。③砂锅注入清水烧开，放入玉米块、猴头菇和氽过水的鸡肉块、姜片、料酒，搅匀。④烧开后用小火煮30分钟，至食材熟透。⑤放入鸡粉、盐调味。⑥关火后盛出煲好的鸡汤，装入汤碗中即可。

🔺 **制作指导** 猴头菇不宜放太多，否则汤会有苦味。

🥣 黑豆乌鸡汤

🔄 **材料** 乌鸡肉250克，水发黑豆70克，姜片、葱段各少许

🧂 **调料** 盐3克，鸡粉3克，料酒4毫升

🍳 **做法** ①洗净的乌鸡肉切小块。②锅注水烧开，倒入鸡块，搅匀，煮1分钟，氽去血水，把氽过水的鸡块捞出，装盘。③砂锅注入清水，倒入洗好的黑豆，大火烧开。④放入乌鸡肉、姜片，加料酒，烧开后用小火炖30分钟至鸡肉熟透。⑤放入盐、鸡粉调味。⑥将煮好的汤料盛出，装入碗中，放葱段即可。

🔺 **制作指导** 炖煮乌鸡时，最好使用小火慢炖，这样能很好地保存住营养。

滑子菇乌鸡汤

材料 乌鸡400克,滑子菇100克,姜片、葱花各少许

调料 料酒8毫升,盐2克,鸡粉2克

做法 ①锅注水烧开,倒入洗净的乌鸡块,搅散,淋入料酒,煮沸,汆去血水。②把汆煮好的乌鸡块捞出,沥干水分。③砂锅注入清水烧开,倒入汆过水的乌鸡、姜片和洗净的滑子菇,淋入料酒,拌匀。④烧开后用小火煮40分钟,至食材熟透。⑤放入盐、鸡粉调味。⑥盛出煮好的汤料,装碗,放葱花即可。

制作指导 袋装滑子菇要放入温水里泡一下再冲洗,能有效去除残留的防腐剂。

当归乌鸡墨鱼汤

材料 乌鸡块350克,墨鱼块200克,鸡血藤、黄精各20克,当归15克,姜片、葱段各少许

调料 盐3克,鸡粉2克,料酒14毫升

做法 ①锅注水烧开,放入墨鱼块和乌鸡块。②淋料酒,汆去血渍,捞出。③砂锅注水烧开,放入鸡血藤、黄精、当归和姜片。④倒入汆过水的材料,撒葱段,淋料酒提味,小火煲煮熟。⑤拣去葱段,加盐、鸡粉、胡椒粉调味。⑥盛出煮好的墨鱼汤,装入汤碗中即成。

制作指导 葱段也可在煲煮的中途拣出,这样能避免葱叶煮烂,导致汤品的杂质过多。

淮山虫草老鸭汤

材料 鸭肉块500克，淮山40克，冬虫夏草2根，姜片、葱花各少许

调料 料酒20毫升，盐3克，鸡粉2克

做法 ①锅注水烧开，倒入鸭肉块和料酒，搅匀，汆去血水。②把汆煮好的鸭肉块捞出，沥干水分。③砂锅注水烧热，倒入鸭肉块、姜片、淮山，拌匀。④倒入冬虫夏草、料酒，烧开后用小火炖1小时至食材熟透。⑤加少许盐、鸡粉调味，略煮片刻至入味。盛出炖煮好的汤料，装入碗中，撒上葱花即可。

制作指导 可以多放一些姜片，不仅能更好地去除腥味，还能中和鸭肉的凉性。

白菜豆腐鸭架汤

材料 鸭骨架400克，大白菜140克，嫩豆腐200克，姜片、葱花各少许

调料 盐3克，鸡粉3克，胡椒粉少许，料酒10毫升

做法 ①洗好的豆腐切小块，洗净的大白菜切小块。②锅注水烧开，倒入鸭骨架，汆去血水，捞出。③砂锅注水烧开，倒入鸭骨架、姜片、料酒，小火炖30分钟。④倒入豆腐、大白菜，小火再炖15分钟。⑤加入盐、鸡粉、胡椒粉调味。⑥盛出装碗，撒上葱花即可。

制作指导 炖煮鸭骨架时放入少许醋，可使骨中的钙质更易融化，便于人体吸收。

薄荷水鸭汤

材料 薄荷8克，干百合30克，玉竹25克，鸭肉400克，姜片25克

调料 盐3克，鸡粉2克，料酒10毫升

做法 ①洗净的鸭肉斩小块。②锅注入水烧开，倒入鸭块、料酒，煮沸，氽去血水，捞出，沥干水分。③砂锅注入清水，倒入氽过水的鸭肉、姜片、薄荷、百合、玉竹，加入料酒。④烧开后用小火炖1小时，至食材熟透。⑤放入盐、鸡粉，搅匀，略煮片刻至食材入味。⑥将煮好的汤料盛出，装碗即可。

制作指导 薄荷与鸭肉都是凉性的，可以多放些姜片中和一下。

裙带菜鸭血汤

材料 鸭血180克，圣女果40克，裙带菜50克，姜末、葱花各少许

调料 鸡粉2克，盐2克，胡椒粉少许，食用油适量

做法 ①圣女果切小块，裙带菜切丝，鸭血切小块。②锅注水烧开，倒鸭血，氽去血渍，捞出。③用油起锅，下姜末爆香，倒圣女果、裙带菜丝，拌炒匀。④加水、鸡粉、盐煮沸。⑤倒入鸭血块，搅动，撒胡椒粉，续煮熟。⑥盛出煮好的鸭血汤，装碗撒葱花即可。

制作指导 下入鸭血块后，不宜用大火烹煮，以免将鸭血煮老了。

菠菜鱼丸汤

材料 菠菜180克，鱼丸200克，姜片、葱花各少许

调料 盐2克，鸡粉2克，料酒8毫升，食用油适量

做法 ①鱼丸对半切开，切网格花刀；择洗干净的菠菜切去根部，再切段。②用油起锅，下姜片爆香，倒入鱼丸，快速炒匀。③淋入料酒提鲜，注水煮沸。④煮2分钟，放入菠菜，搅匀，煮熟。⑤放入盐、鸡粉调味。⑥盛出煮好的汤料，装入碗中，撒上葱花即可。

制作指导 在烹制菠菜前，最好将其焯烫一下，以去除草酸。

粉葛鱼头汤

材料 粉葛200克，鲢鱼头400克，姜片、葱花各少许

调料 盐2克，鸡粉2克，食用油适量

做法 ①洗净的粉葛去皮切块；处理干净的鱼头斩块。②煎锅注油烧热，爆香姜片，放入鱼头，煎出香味，翻面，续煎至焦黄色，入盘。③砂锅注水烧开，放粉葛，小火炖15分钟至粉葛熟。④放煎好的鱼头，小火炖15分钟至熟。⑤加盐、鸡粉，煮一会，去浮沫。⑥将煮好的汤料盛出，装碗撒葱花即成。

制作指导 煎鲢鱼头时，不宜用大火，以免鱼头煎煳。

海带黄豆鱼头汤

材料 鲢鱼头200克，海带70克，水发黄豆100克，姜片、葱花各少许

调料 盐2克，鸡粉2克，料酒5毫升、胡椒粉、食用油各适量

做法 ①洗净的海带切小块。②用油起锅，放入姜片、鲢鱼头，煎出焦香味，翻面，煎至焦黄色，盛出装盘。③砂锅注入清水烧开，放入黄豆、海带，淋入料酒，小火炖熟。④放入煎好的鱼头，小火煮熟。⑤加入盐、鸡粉、胡椒粉调味。⑥取下砂锅，放入葱花即可。

制作指导 将鲢鱼头用小火煎至焦黄色，这样煮出来的汤不仅好看，味道也更香醇。

鲫鱼苦瓜汤

材料 净鲫鱼200克，苦瓜150克，姜片少许

调料 盐2克，鸡粉少许，料酒3毫升，食用油适量

做法 ①洗净的苦瓜对半切开，去瓤，再切片。②用油起锅，下姜片爆香，放鲫鱼，小火煎出焦香味。③翻转，小火再煎一会至两面断生。④淋料酒，再注水，加鸡粉、盐、苦瓜片。⑤用大火煮约4分钟至食材熟透。⑥搅动几下，盛出煮好的苦瓜汤，装碗即可。

制作指导 煎鲫鱼时，油可以适量多放一点，这样能避免将鱼肉煎老了。

莲子五味子鲫鱼汤

🔄 **材料** 净鲫鱼400克，水发莲子70克，五味子4克，姜片、葱花各少许

⚖ **调料** 盐3克，鸡粉2克，料酒4毫升，食用油适量

💬 **做法**

① 用油起锅，爆香姜片，放入处理干净的鲫鱼，小火煎香。

② 翻转鱼身，再煎片刻，至两面断生，盛出，装入盘中。

③ 锅注水烧开，倒入莲子、五味子，小火煮至散出药味。

④ 倒入煎好的鲫鱼，加入盐、鸡粉，再淋上料酒，搅匀。

⑤ 小火续煮约10分钟至食材熟透；略微搅拌，去浮沫。

⑥ 盛出煮好的鲫鱼汤，装入汤碗中，撒上葱花即成。

🔺 **制作指导** 煎鲫鱼时可以多放点食用油，这样鲫鱼的肉质会更鲜嫩。

🔺 **营养功效** 鲫鱼含有蛋白质、维生素、钙、磷、铁等营养物质，有和中补虚、除湿利水的功效。

鲫鱼红豆汤

- **材料** 鲫鱼400克，水发红豆100克，姜片、葱花各少许
- **调料** 盐2克，料酒8毫升，食用油适量
- **做法**

① 处理干净的鲫鱼两面切上一字花刀，备用。

② 用油起锅，放入鲫鱼，煎香，翻面，煎至焦黄色。

③ 淋入料酒，倒入清水，放入姜片，倒入洗净的红豆。

④ 盖上盖子，用小火煮20分钟，至鲫鱼熟透。

⑤ 揭开盖，加入适量盐，略煮片刻。

⑥ 盛出煮好的汤料，装入汤碗中，撒上葱花即可。

制作指导 红豆不易熟，提前用水泡发好，可以节省烹饪的时间。

营养功效 鲫鱼含有尼克酸、硫胺素及钙、钾、镁、锌等营养物质，能促进体内钠盐的排出，有利于降低血压。

豆腐紫菜鲫鱼汤

材料 鲫鱼300克，豆腐90克，水发紫菜70克，姜片、葱花各少许

调料 盐3克，鸡粉2克，料酒、胡椒粉、食用油各适量

做法 ①洗好的豆腐切小块。②用油起锅，下姜片爆香，放入处理干净的鲫鱼，煎香。③将鲫鱼翻面，煎至焦黄色。④淋入料酒，倒入清水、盐、鸡粉，拌匀煮熟。⑤倒入豆腐块和紫菜，加入胡椒粉，拌匀煮熟。⑥把鲫鱼盛入碗中，倒入余下的汤，撒葱花即可。

制作指导 煎鲫鱼的时候，要控制好时间和火候，煎至鲫鱼呈焦黄色即可。

姜丝鲢鱼豆腐汤

材料 鲢鱼肉150克，豆腐100克，姜丝、葱花各少许

调料 盐3克，鸡粉3克，胡椒粉、水淀粉、食用油各适量

做法 ①洗净的豆腐切小块；洗好的鲢鱼肉切片。②鱼肉片入碗，放盐、鸡粉、水淀粉、食用油，腌渍入味。③用油起锅，下姜丝爆香，往锅中注水煮沸。④加盐、鸡粉、胡椒粉、豆腐块，拌匀煮熟。⑤倒鱼肉片，搅匀煮熟。⑥把煮好的汤料盛出，装碗撒葱花即成。

制作指导 鲢鱼肉尽量切得薄一些，不仅易熟，还更易入味。

西红柿生鱼豆腐汤

材料 生鱼块500克，西红柿100克，豆腐100克，姜片、葱花各少许

调料 盐3克，鸡粉3克，料酒10毫升，胡椒粉少许，食用油适量

做法 ①洗净的豆腐切块；洗好的西红柿切瓣。②用油起锅，下姜片爆香，倒入洗净的生鱼块，煎香。③淋入料酒，加入开水。④加入盐、鸡粉，倒入切好的西红柿，放入豆腐，中火煮3分钟至入味。⑤放入胡椒粉，拌匀。⑥盛出煮好的汤料，装碗，撒入葱花即可。

制作指导 处理生鱼的时候，可以用盐搓洗鱼身，这样有利于去除黏液。

苦瓜鱼片汤

材料 苦瓜100克，鲈鱼肉110克，胡萝卜40克，鸡腿菇70克，姜片、葱花各少许

调料 盐3克，鸡粉2克，胡椒粉少许，水淀粉、食用油各适量

做法 ①鸡腿菇切片；胡萝卜切片；苦瓜切片；鱼肉切片。②鱼片放盐、鸡粉、胡椒粉、水淀粉、油腌渍。③用油起锅，爆香姜片，倒苦瓜片、胡萝卜、鸡腿菇炒匀。④注水煮熟。⑤放盐、鸡粉、鱼片煮熟。⑥盛出装碗，放葱花即可。

制作指导 鱼肉宜用斜刀切片，这样鱼片不易散，但不宜切得过厚或过薄。

丝瓜虾皮猪肝汤

材料 丝瓜90克，猪肝85克，虾皮12克，姜丝、葱花各少许

调料 盐3克，鸡粉3克，水淀粉2毫升，食用油适量

做法 ①去皮洗净的丝瓜切片；洗好的猪肝切片。②猪肝片入碗放盐、鸡粉、水淀粉、食用油腌渍。③锅注油烧热，爆香姜丝，放入虾皮，炒香。④注水煮沸。⑤倒入丝瓜，加入盐、鸡粉拌匀后放入猪肝，搅散，续用大火煮沸。⑥将锅中汤料盛出装碗，撒葱花即可。

制作指导 猪肝切片后应及时加调料和水淀粉拌匀，腌渍后及时入锅，以免营养成分流失。

生蚝豆腐汤

材料 豆腐200克，生蚝肉120克，鲜香菇40克，姜片、葱花各少许

调料 盐3克，鸡粉、胡椒粉各少许，料酒4毫升，食用油适量

做法 ①香菇切粗丝；豆腐切小块。②锅注水烧开，加盐和豆腐块，焯煮，捞出。③再倒生蚝肉，拌煮至其断生，捞出。④用油起锅，爆香姜片，倒香菇丝、生蚝肉、料酒炒透，注水煮沸。⑤倒豆腐块，加盐、鸡粉、胡椒粉拌匀。⑥续煮入味，盛出装碗，撒葱花即成。

制作指导 放入豆腐后，搅拌的动作要轻一些，以免将豆腐弄碎了。

银鱼豆腐竹笋汤

材料 竹笋100克，豆腐90克，口蘑80克，银鱼干20克，姜片、葱花各少许

调料 盐、鸡粉各2克，料酒4毫升，食用油少许

做法 ①豆腐切小方块；口蘑切小块；洗净去皮的竹笋切薄片。②锅中注水烧开，加盐、竹笋、口蘑，煮约半分钟。③再倒入豆腐块，续煮半分钟捞出。④用油起锅，放入姜片、银鱼干、料酒，炒匀。⑤放水、盐、鸡粉，拌匀，再倒入焯煮过的食材。⑥用中火续煮约2分钟，关火后盛出竹笋汤，撒葱花即成。

制作指导 煮此汤时盖上锅盖，不仅可以缩短烹煮的时间，还能使口蘑的味道更鲜嫩。

芋头蛤蜊茼蒿汤

材料 香芋200克，茼蒿90克，蛤蜊180克，枸杞、蒜末各少许

调料 盐2克，鸡粉2克，食用油适量

做法 ①洗净去皮的香芋切厚片，再切条，改切段；洗净的茼蒿切段；洗净的蛤蜊打开去内脏。②用油起锅，爆香蒜末，倒入香芋，略炒片刻。③注水，放入洗净的枸杞，烧开后煮5分钟。④放入蛤蜊，加入盐、鸡粉调味，再煮3分钟。⑤撇去汤中浮沫，放入茼蒿，煮熟。⑥盛出煮好的汤料，装碗即可。

制作指导 用筷子插一下锅中的香芋，如果能轻易地插进去，就可以出锅了。

黄豆蛤蜊豆腐汤

材料 水发黄豆95克，豆腐200克，蛤蜊200克，姜片、葱花各少许

调料 盐2克，鸡粉、胡椒粉各适量

做法 ①洗净的豆腐切条，再切小方块；蛤蜊打开洗净。②锅注水烧开，倒入洗净的黄豆，盖上盖，用小火煮20分钟至其熟软。③揭开盖，倒入豆腐、蛤蜊，放入姜片，加入盐、鸡粉调味。④盖上盖，用小火再煮8分钟至食材熟透。⑤揭盖，撒入胡椒粉，拌匀。⑥盛出煮好的汤料，装入碗中，撒上葱花即可。

制作指导 清洗蛤蜊时，可将其放在水龙头下冲洗，这样能更有效地清除泥沙。

山药甲鱼汤

材料 甲鱼块700克，山药130克，姜片45克，枸杞20克

调料 料酒20毫升，盐2克，鸡粉2克

做法 ①将洗净去皮的山药切片。②锅注水烧开，倒入甲鱼块，搅散，加入料酒，汆去血水，捞出。③砂锅注水烧开，放入枸杞、姜片，倒入汆过水的甲鱼块、料酒，拌匀，烧开后小火炖20分钟。④放入山药，搅拌，小火再炖10分钟至熟。⑤放入盐、鸡粉调味。⑥将炖好的甲鱼汤盛出，装碗即可。

制作指导 炖煮此汤时宜用小火慢炖，这样才能更好地熬出甲鱼的营养。

虾仁苋菜汤

材料 苋菜200克，肉末70克，虾仁65克，枸杞15克

调料 盐、鸡粉各2克，水淀粉7毫升，食用油适量

做法 ①洗净的苋菜切小段；洗好的虾仁由背部切开，去虾线。②把处理好的虾仁入碗加盐、鸡粉、水淀粉，拌匀腌渍。③锅注水烧开，倒入食用油，加入盐、鸡粉、枸杞和肉末搅匀。④放入虾仁，煮至虾身弯曲。⑤倒入苋菜，煮熟。⑥盛出煮好的汤料，装碗即成。

制作指导 锅中放入虾仁后最好搅拌几下，这样虾仁更易入味。

雪梨苹果山楂汤

材料 苹果100克，雪梨90克，山楂80克，冰糖40克

做法 ①洗净的雪梨去核，切小瓣，再把果肉切块；洗好的苹果切瓣，去核，把果肉切块。②洗净的山楂去头尾，切开去核，再切小块。③砂锅注入清水烧开，倒入切好的食材拌匀。④用大火煮沸，转小火煮约3分钟，至食材熟软。⑤倒入备好的冰糖，搅拌匀，用中火续煮一会儿，至糖分融化。⑥关火后盛出煮好的山楂汤，装入汤碗中即成。

制作指导 山楂的头尾杂质较多，要彻底去除干净，以免影响汤汁的口感。

冰糖雪梨柿子汤

材料 雪梨200克，柿饼100克，冰糖30克

做法 ①将备好的柿饼切小块，洗净去皮的雪梨切开，去核，再把果肉切瓣，改切成丁。②砂锅中注入适量清水烧开，放入柿饼块。③倒入雪梨丁，搅拌匀。④盖上盖，煮沸后用小火煲煮约20分钟，至材料熟软。⑤揭盖，加入备好的冰糖调味，拌匀，用中火续煮一会儿，至糖分完全融化。⑥关火后盛出煮好的冰糖雪梨，装入汤碗中即成。

制作指导 柿饼切开后最好去除核，这样食用时会更方便。

马蹄绿豆汤

材料 马蹄100克，去皮绿豆120克

调料 冰糖30克

做法 ①洗净去皮的马蹄切成小块，备用。②砂锅中注入适量清水烧开，倒入绿豆，搅拌匀。③盖上盖，烧开后用小火煮30分钟。④揭盖，加入切好的马蹄，盖上盖，续煮15分钟，至食材熟透。⑤揭开盖，倒入适量冰糖，搅拌均匀，煮至冰糖完全融化。⑥盛出煮好的甜汤，装入汤碗中即可。

制作指导 马蹄本身有一定的甜味，所以冰糖不要加太多。

紫薯百合银耳汤

材料 紫薯50克，水发银耳95克，鲜百合30克，冰糖40克

做法 ①洗好的银耳切去黄色根部，再切成小块；洗净去皮的紫薯切厚片，再切条，改切成丁。②砂锅中注入适量清水烧开，倒入切好的紫薯、银耳。③盖上盖，烧开后用小火煮20分钟，至食材熟软。④揭开盖，加入洗好的百合，倒入冰糖，搅拌匀。⑤再盖上盖，用小火续煮5分钟，至冰糖融化。⑥揭开盖，把煮好的汤料盛出，装入汤碗中即可。

制作指导 紫薯本身带有甜味，冰糖可以适量少放，以免成品太甜。

金橘枇杷雪梨汤

材料 雪梨75克，枇杷80克，金橘60克

做法 ①金橘洗净，切成小瓣。②洗好去皮的雪梨去核，再切成小块。③洗净的枇杷去核，切成小块，备用。④砂锅中注入适量清水烧开，倒入切好的雪梨、枇杷、金橘，搅拌匀。⑤盖上盖，烧开后用小火煮约15分钟。⑥揭盖，搅拌均匀，关火后盛出煮好的雪梨汤，装入碗中即成。

制作指导 熬煮此汤时，要根据食材的多少添加适量的清水。

山药南瓜羹

材料 南瓜300克，山药120克

调料 盐2克，鸡粉2克，食用油适量

做法 ①洗净去皮的南瓜切片；洗好去皮的山药切片。②把切好的南瓜、山药装入盘中，放入烧开的蒸锅中，用大火蒸10分钟至食材熟透。③把蒸熟的山药和南瓜取出，晾凉。④将山药压烂，剁泥；把南瓜压烂，剁泥。⑤锅中注入清水烧开，放入食用油、鸡粉、盐，倒入南瓜泥，拌匀，再倒入山药泥，搅匀煮沸。⑥盛出煮好的食材，装碗即可。

制作指导 煮制此道汤羹时，要不时搅动食材，以防粘锅。

火龙果银耳羹

材料 火龙果150克，水发银耳100克，冰糖30克，红枣20克，枸杞10克

调料 食粉少许

做法 ①洗净的银耳去根部切块；洗净的火龙果切块，去皮，果肉切丁。②锅注水烧开，撒上食粉，倒入银耳，拌匀。③大火煮1分钟，捞出装盘。④砂锅注水烧开，倒入红枣、枸杞、银耳，小火煮20分钟至食材熟。⑤倒入火龙果肉和冰糖，拌匀，续煮至冰糖融化。⑥盛出煮好的银耳糖水，装碗放凉后即可。

制作指导 银耳的焯水时间可长一些，这样能缩短烹饪的时间。

猕猴桃银耳羹

材料 猕猴桃70克，水发银耳100克

调料 冰糖20克，食粉适量

做法 ①泡发好的银耳切去黄色根部，再切小块；洗净去皮的猕猴桃切片。②锅中注入清水烧开，加入食粉，倒入切好的银耳拌匀。③煮沸，将焯煮好的银耳捞出，沥干水分。④砂锅注入清水烧开，放入焯过水的银耳，小火煮10分钟。⑤放入切好的猕猴桃，拌匀，加入冰糖煮化，拌匀，使味道更均匀。⑥盛出煮好的甜汤，装入碗中即可。

制作指导 猕猴桃不宜煮过久，以免影响口感。

石榴银耳莲子羹

材料 石榴果肉120克，水发银耳150克，水发莲子80克

调料 白糖5克，水淀粉10毫升

做法 ①泡发洗好的银耳切小块。②取榨汁机，倒入石榴果肉，加入矿泉水，选择"榨汁"功能，榨取石榴汁，滤出。③砂锅注入清水烧开，放入洗好的莲子和切好的银耳，烧开后小火炖30分钟至熟。④倒入石榴汁，拌匀煮沸。⑤加入白糖，拌匀煮化，淋入水淀粉，拌匀。⑥盛出煮好的甜汤，装碗即可。

制作指导 夏天饮用此羹，可先冰镇后再食用，口感更好。

虾米花蛤蒸蛋羹

材料 鸡蛋2个，虾米20克，蛤蜊肉45克，葱花少许

调料 盐1克，鸡粉1克

做法 ①取一个大碗，打入鸡蛋，倒入洗净的蛤蜊肉、虾米。②加入少许盐、鸡粉，快速搅拌均匀。③注入适量温开水，快速搅拌均匀，制成蛋液。④取一个蒸碗，倒入调好的蛋液，搅匀。⑤蒸锅上火烧开，放入蒸碗，盖上锅盖，用中火蒸约10分钟至蛋液凝固。⑥揭开锅盖，取出蒸碗，撒上葱花即可。

制作指导 虾米可以先用温水泡一会儿再烹制，会更美味。

上海青海米豆腐羹

材料 上海青35克，海米15克，豆腐270克，葱花少许

调料 盐少许，鸡粉2克，水淀粉、料酒、食用油各适量

做法 ①洗净的豆腐切小方块；洗好的上海青切碎。②锅中倒入食用油烧热，放入海米，炒香，淋入料酒，炒匀。③注水，加入盐、鸡粉。④倒入切好的豆腐，拌匀，中火煮3分钟至熟。⑤倒入上海青煮软，倒入水淀粉，搅拌至汤汁浓稠。⑥盛出豆腐羹，装碗即可。

制作指导 豆腐可以先焯煮一下，这样能除去豆腥味。

Part 7

小吃

香甜、咸甜、椒麻……小吃用它们丰富的口感和栩栩如生的形态召唤着人们驻足停留。如果你也可以随心地做出各式小吃，拼成美味可口的小吃套餐，不仅可使自己及家人得到丰富的营养，还能让家人开心一下，可谓一举两得！

小吃讲堂

很多人都无法抗拒漂亮又诱人的小吃，但是又想保持身材，对美食有所顾忌，很是苦恼。其实，只要掌握一定的方式方法，鱼与熊掌就可以兼得。

什么是小吃

小吃是一类在口味上具有特定风格特色的食品的总称，可以作为宴席间的点缀，或作为早点、夜宵的主要食品。世界各地都有各种各样的风味小吃，特色鲜明，风味独特。现代人吃小吃，除了可以解馋以外，品尝异地风味小吃还有助于了解当地风情。

小吃聪明吃

一般来说，从小吃里摄取的热量，以占每天身体需要热量总值的10%～20%之间为最佳，以下几个秘诀能让你聪明享受美味小吃！

不要空腹吃甜点

空肚子的时候，热量吸收的效果是最好的，而且很容易在不知不觉中过量食用。如果实在饿得不行，需要吃点东西给肚子"垫底"，可以吃些热量较低的小吃，像果冻、酸奶或苏打饼干。

控制食用量

吃小吃会让人发胖，是因为部分小吃的热量较一般食物高，所以，只要避开高热量食物，或者吃得适量，就不会增加体重。当然，正在减肥的人，如果拒绝小吃，见效会快一些。不过，如果你并不想戒掉美味的小吃，可以严格控制点心的食用量，在减少精神压力的同时提高减肥的成功率。

一口一口慢慢吃

点心零食吃得越快，血糖上升得就越快，热量就越无法消耗，停留在体内转变成脂肪的可能性就越大。因此，慢慢享受小吃可有助于热量的消耗，而且对稳定情绪有帮助。

别经常把小吃当宵夜

深夜里，身体对热量的吸收比较快，如果吃了甜点或油炸小吃当宵夜，马上上床睡觉，那么血糖就很容易转化成脂肪留在体内。

多动多吃，少动少吃

活动少的时候，小吃也要少吃。放假在家时，因为心情放松，一不小心就会吃太多。当然，如果去爬了五六个小时的山，就可以放心地慰劳自己一下！

小吃常识

很多人热衷于一些街边小吃或商铺附近的快餐，上班途中或放学的路上，随处可见熙熙攘攘的人群散布在小吃街中。但是，对于我们经常接触的小吃，你究竟了解多少呢？

荤素搭配，健康美味

我们都怕吃的东西不健康，但很多人又钟情于一些街边小吃，长期食用的后果就是，身体营养不均衡。那么，在不能忍痛割爱的条件下，怎么解决这个问题呢？

比如，加了肉的饼中有了肉类和粮食，但没有蔬菜，我们必须自己买来蔬菜在家烹食，才能基本满足营养平衡。

为什么要荤素搭配呢？鸡、鸭、鱼、肉等荤菜味道鲜美，含有丰富的蛋白质，但超量摄入会增加肝肾负担，导致尿酸增高，发生痛风、肥胖、心脑血管等疾病。素食则能消减荤食含较多饱和脂肪酸与过高胆固醇的弊端，弥补荤食缺乏膳食纤维和一些水溶性维生素的缺陷，其本身丰富的膳食纤维能帮助将荤菜中的胆固醇排出体外。素菜，比如蔬菜、水果、蘑菇等，富含维生素和膳食纤维，但缺乏优质蛋白质和某些矿物质，而荤菜正好能补充这些不足，同时还能促进素菜中的脂溶性维生素的吸收。

如此，一口肉配三口菜，荤素搭配，才能保证小吃健康美味！

让小吃成为小孩的成长伴侣

幼儿和学龄前儿童喜欢吃小吃，总的来说是一件好事情。因为他们的胃容量较成人来说要小很多，并且爱跑爱跳，活泼好动，能量消耗是非常大的，并且按每千克体重计，幼儿的营养素需求量高于成人。从这些方面而言，仅仅一日三餐难以满足他们的营养需要，这个时候就是小吃发挥作用的时候了，小吃能很好地弥补他们膳食中不足的营养和能量。

然而，任何事情都有正反两面，需要注意的是，小吃只能作为正常饮食的补充，而不是替代品；需要有节制、有选择地为儿童提供点心，不要提供和正餐相同的食品。例如，儿童吃小吃时可以有意地补充正餐的饭菜中缺少的蔬菜或谷物；也可以用进餐时低脂食品来平衡高脂或高热量的小吃。

其实，像吃饭一样，小吃也可以纳入饮食计划，吃小吃的时间应在饭前2小时，这样儿童才有好胃口吃正餐。让孩子健康地食用小吃，以补充他们生长、玩耍所需要的各种营养和能量。

🥣 芝麻饼

材料 熟芝麻100克，莲蓉150克，澄面100克，糯米粉500克，猪油150克，白糖175克

调料 食用油适量

做法

① 澄面入碗注开水拌匀，倒扣在案板，揉匀，制成澄面团。

② 部分糯米粉开窝，加糖、水，分次加余下的糯米粉、水搓滑。

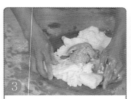

③ 放入澄面团，混匀，加猪油，揉搓一会儿。

④ 面团搓长条，分小剂子；莲蓉搓条，切小段，制成馅料。

⑤ 小剂子压成饼状，中间向下凹，放馅料，收紧搓圆。

⑥ 蘸水，滚上熟芝麻，再揉匀压扁，制成芝麻饼生坯。

⑦ 取蒸盘，刷油，放芝麻饼生坯，入锅蒸熟，取出晾凉。

⑧ 煎锅注油烧热，放蒸好的芝麻饼，煎至金黄色，摆盘即可。

美味生鱼馅饼

材料 鱼肉末230克，牛奶60毫升，姜片、葱花各少许

调料 盐2克，鸡粉2克，生粉12克，芝麻油、胡椒粉、食用油各适量

做法

① 取一个大碗，放入鱼肉末，加入少许盐、鸡粉。

② 撒上姜末，搅拌均匀，倒入少许牛奶，搅拌匀。

③ 再倒入剩余的牛奶，撒上葱花，搅拌均匀。

④ 撒胡椒粉、生粉，搅至起劲，加芝麻油，拌匀，腌渍。

⑤ 在盘中和模具上均匀地抹上食用油。

⑥ 鱼肉入模具压平、压紧，制成数个鱼饼生坯，装盘。

⑦ 煎锅置火上，加油烧热，转小火，下鱼饼生坯，煎香。

⑧ 鱼饼翻面，小火再煎至鱼饼变色，盛出，装盘即可。

🥣 西葫芦夹心饼

材料 西葫芦180克，胡萝卜150克，火腿100克，鸡蛋1个，炸粉90克，沙拉酱80克

调料 盐3克，生粉、食用油各适量

做法 ①火腿切片压成圆形花边；胡萝卜、西葫芦均切片；鸡蛋打开取蛋黄。②炸粉加水、蛋黄搅成面糊。③取盘子，放西葫芦片，撒生粉。④水锅烧开，加盐、胡萝卜焯熟。⑤火腿片入油锅煎香。⑥西葫芦片裹面糊入锅煎熟，再入盘抹沙拉酱，放火腿片，抹沙拉酱，放胡萝卜片，再抹沙拉酱，盖西葫芦片即可。

制作指导 芝麻饼的厚度要均匀，这样煎熟的成品口感才好。

🥣 芹菜叶蛋饼

材料 芹菜叶50克，鸡蛋2个

调料 盐2克，水淀粉、食用油各适量

做法 ①锅注水烧开，加入食用油。②放入洗净的芹菜叶，拌匀，煮约半分钟至食材断生后捞出，晾凉。③将放凉的芹菜叶切碎。④鸡蛋打入碗中，加入盐、水淀粉，打散调匀，再放入芹菜末，快速搅拌成蛋液。⑤烧热煎锅，注入食用油烧热，倒入蛋液，中火煎至成形，转小火，翻转蛋饼，再煎至熟透。⑥盛出煎好的蛋饼，装入盘中即成。

制作指导 芹菜叶也可搅碎后倒入蛋液中拌匀，这样煎出的蛋饼色泽更鲜丽。

紫甘蓝萝卜丝饼

材料 紫甘蓝90克，白萝卜100克，鸡蛋1个，面粉120克，葱花少许

调料 盐3克，鸡粉2克，食用油适量

做法 ①洗净去皮的白萝卜切丝；洗好的紫甘蓝切丝。②锅注水烧开，放盐，倒白萝卜、紫甘蓝拌匀。③煮至八成熟，捞出，沥干水分。④装入碗中，放葱花，打鸡蛋，放盐、鸡粉、面粉，混匀搅成糊状。⑤煎锅注油烧热，放面糊，摊成饼状，煎香，翻面，煎成焦黄色，取出。⑥用刀切小块，装盘即可。

制作指导 煎饼时可晃动煎锅，以免白萝卜煎煳，影响成品外观。

南瓜坚果饼

材料 南瓜片55克，蛋黄少许，核桃粉70克，黑芝麻10克，软饭200克，面粉80克

调料 食用油适量

做法 ①蒸锅上火烧开，放入装有南瓜的小碟子，蒸至南瓜熟软，取出晾凉。②放凉的南瓜切小丁块。③取碗，倒入软饭、南瓜丁，撒上核桃粉、黑芝麻，倒入蛋黄。④放入面粉，拌匀成面粉饭团。⑤煎锅注油烧热，倒入饭团，煎熟。⑥盛出装盘，晾凉，切小块摆好即可。

制作指导 放入面粉拌匀时，可以淋入少许清水，能使拌好的饭团更有韧劲，煎的时候也更方便。

萝卜丝饼

材料 白萝卜130克，腊肠40克，鸡蛋1个，面粉适量，葱花少许

调料 盐4克，鸡粉2克，食用油适量

做法 ①白萝卜切细丝；腊肠切小丁块；鸡蛋打入碗中，拌匀。②锅注水烧开，加盐，将白萝卜焯煮，捞出。③油起锅，放入腊肠，炒出油。④白萝卜丝入碗，依次放入蛋液、腊肠、葱花、盐、鸡粉、面粉，拌匀呈糊状。⑤煎锅置火上，倒油烧热，放入面糊，煎熟。⑥盛出煎好的面饼，切小块即可。

制作指导 面饼要摊得薄而均匀，以免外糊内生。

小米香豆蛋饼

材料 面粉150克，鸡蛋2个，水发小米50克，水发黄豆100克，四季豆70克，泡打粉2克

调料 盐3克，食用油适量

做法 ①四季豆切碎；黄豆切细末。②锅注水烧开，放盐、四季豆、油，焯煮捞出。③鸡蛋入碗，依次放四季豆、小米、黄豆、泡打粉、盐、面粉，拌起劲成面糊，注油搅拌。④煎锅注油，倒面糊，煎成饼状。⑤转动煎锅，煎香，翻转，煎至金黄色。⑥盛出，食用时分小块即可。

制作指导 静置面糊时也可以用保鲜膜封好，不仅能使面糊的水分不易蒸发，而且容易煎成型。

韭菜豆渣饼

材料 鸡蛋120克，韭菜100克，豆渣90克，玉米粉55克

调料 盐3克，食用油适量

做法 ①洗净的韭菜切粒。②油起锅，倒入韭菜，翻炒至断生，放入豆渣炒香，加盐调味，盛出装盘。③鸡蛋入碗，加盐打散、调匀，再放入炒好的食材，拌匀，撒玉米粉，制成豆渣饼面糊。④煎锅注油烧热，倒入面糊，摊开，煎一会。⑤翻转，煎至两面熟。⑥盛出煎好的豆渣饼，分小块摆盘即成。

制作指导 调制豆渣饼面糊时，可以加入少许清水，能使其更有黏性、成品的口感更好。

红豆山药盒

材料 面包糠400克，山药350克，豆沙70克，鸡蛋1个，面粉、生粉各30克

调料 食用油适量

做法 ①鸡蛋打开取蛋黄拌匀，撒面粉，制成蛋糊；山药切片。②山药片入沸水锅焯煮。③山药片入碗注水浸泡。④案板撒面粉，放部分山药片，撒生粉放豆沙，盖上余下山药片，压平粘好裹面粉，制成山药盒子。⑤依次滚蛋糊、面包糠，即成红豆山药盒生坯。⑥油锅烧热，下山药盒生坯，炸熟捞出，摆盘即可。

制作指导 山药盒要做得整齐一些，炸好的成品才美观。

🥣 马拉盏

📥 材料 三花淡奶100毫升，鸡蛋4个，白糖250克，低筋面粉250克，泡打粉10克，吉士粉10克，纸杯、铝杯各数个

🧂 调料 食用油适量

🍳 做法 ①鸡蛋入碗。②面粉入盆加泡打粉拌匀，倒鸡蛋、糖、吉士粉拌匀，倒部分三花淡奶搅拌。③加余下三花淡奶、油，快速拌匀成面浆。④取面浆入纸杯至六成满，制成马拉盏生坯。⑤马拉盏生坯入盘入蒸锅，大火蒸熟。⑥将蒸好的马拉盏取出，装入盘中即成。

🔘 制作指导 马拉盏生坯放入蒸锅后，不宜蒸制过久，以免成品口感不佳。

🥣 糯米葫芦宝

📥 材料 糯米粉85克，土豆100克，鸡蛋1个，豆沙45克，面包糠140克，葱段10克

🧂 调料 白糖10克，食用油适量

🍳 做法 ①土豆切块；鸡蛋打开取蛋黄调成蛋液。②土豆块蒸熟晾凉。③葱段焯熟捞出。④糯米粉入碗，加糖、温开水揉成团；土豆压成泥，入面团搅拌。⑤土豆面团分剂子，捏饼状，放豆沙包好，再捏葫芦状，蘸蛋液滚面包糠，静置定型，即成葫芦饼坯。⑥葫芦饼坯入油锅炸熟，取出，系上葱段即成。

🔘 制作指导 葫芦饼坯放在滤网中时，彼此间要留有空隙，以免炸的时候粘在一起，破坏成品的美观。

五色菠菜卷

材料 鸡腿150克，西红柿90克，生菜70克，胡萝卜60克，紫甘蓝50克，菠菜叶30克，面粉糊、蒜末、葱花各适量

调料 盐2克，蚝油4克，生抽5毫升，料酒、沙拉酱、芝麻油、油各适量

做法 ①原材料治净、鸡腿切丁。②菠菜叶、胡萝卜、紫甘蓝、生菜焯煮。③将蒜末、鸡肉丁、料酒、焯煮的食材、西红柿、盐、生抽、蚝油入油锅炒匀。④倒面粉糊、芝麻油翻炒，加葱花搅成馅料。⑤菠菜叶中放馅料，卷好入盘挤沙拉酱。

制作指导 面粉糊不宜太稀，否则炒好的鸡肉丁的黏合性不好，成品也不美观。

海带牛肉卷

材料 水发海带400克，胡萝卜条60克，肉末200克

调料 盐3克，鸡粉2克，胡椒粉少许，生粉20克，生抽3毫升，白醋5毫升，水淀粉、食用油各适量

做法 ①肉末放盐、鸡粉、生抽、胡椒粉、水淀粉搅成馅。②胡萝卜条、海带入锅加盐、醋焯煮晾凉。③海带切块。④案板放海带，拍生粉倒肉馅，放胡萝卜条卷成卷抹水淀粉封口，制成生坯并蒸熟。⑤取出切小段，摆盘即成。

制作指导 制作海带卷时，放入的肉馅占海带块的二分之一即可，以免海带卷不成型，影响成品美观。

美味蛋皮卷

🍲 **材料** 冷米饭110克，鸡蛋50克，西红柿20克，胡萝卜45克，洋葱少许

🍶 **调料** 盐1克，鸡粉1克，芝麻油、食用油各适量

🍲 **做法**

① 洋葱切粒；胡萝卜切粒；西红柿切小丁块。

② 鸡蛋打入碗中，再打散、调匀，制成蛋液。

③ 煎锅上火烧热，倒入蛋液，摊开，用中火煎成蛋皮。

④ 翻转蛋皮，再煎一会，取出煎好的蛋皮，待用。

⑤ 用油起锅，倒胡萝卜、洋葱、西红柿炒匀，放米饭炒散。

⑥ 加入盐、鸡粉、芝麻油，炒至入味，入碗，即成馅料。

⑦ 取蛋皮，置于案板铺平，放馅料，压紧卷起，制成蛋卷。

⑧ 把蛋卷切成小段，放在盘中，摆放好即可。

美味红薯丸

材料 红薯350克，姜末、蒜末、葱花各少许

调料 盐1克，鸡粉1克，芝麻油6毫升，陈醋4毫升，食用油适量

做法

❶ 洗净去皮的红薯切开，切条形，改切大块。

❷ 取蒸盘，放入切好的红薯，蒸锅上火烧开，放入蒸盘。

❸ 盖上盖，用中火蒸约15分钟至熟软，揭盖，取出放凉。

❹ 把蒸好的红薯置于案板上，然后压碎呈泥状。

❺ 红薯泥加姜末、蒜末、葱花、盐、鸡粉、芝麻油、陈醋。

❻ 拌匀起劲，用手挤出红薯泥，再用勺子取下，制成红薯丸。

❼ 热锅注油烧至五六成热，把红薯丸放入油锅中。

❽ 拌匀，用中火炸至金黄色，捞出炸好的红薯丸，装盘即可。

香葱苦瓜圈

⊙ **材料** 苦瓜200克，蛋液70毫升，面粉85克，葱花少许

⊙ **调料** 盐5克，孜然粉2克，生粉、芝麻油、食用油各适量

⊙ **做法**

❶ 面粉入碗，倒蛋液、盐、葱花、孜然粉、芝麻油、水拌匀。

❷ 将洗净的苦瓜切圈，去子。

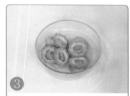

❸ 苦瓜圈装入碗中，放入3克盐，加水拌匀，腌渍30分钟。

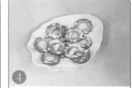

❹ 将苦瓜圈取出，装入盘中，撒入适量生粉，待用。

❺ 锅注油烧热，苦瓜圈裹面糊，入热油锅，用小火炸熟。

❻ 把炸好的苦瓜圈捞出，沥干油，将苦瓜圈装盘即可。

◎ **制作指导** 炸制苦瓜时，要把握好时间和火候，以免苦瓜圈炸焦。

◎ **营养功效** 苦瓜含有蛋白质、脂肪、维生素C等成分，可除邪热、解劳乏、清心、聪耳明目、轻身。

脆皮肉末角

材料 糯米粉500克，澄面100克，白糖175克，猪油150克，肉末、白芝麻、葱花各少许

调料 盐2克，白糖3克，老抽2毫升，料酒、生抽各3毫升，食用油适量

做法

1 澄面入碗注开水拌匀，倒扣在案板，搓匀，制成澄面团。

2 糯米粉开窝，加糖、水、余下糯米粉、澄面、猪油搓匀。

3 油起锅，倒肉末和调料炒熟，装碗撒葱花，制成馅料。

4 取面团搓条切剂子压扁，放馅料收口，滚白芝麻，制成肉末角生坯。

5 锅注油烧热，入肉末角生坯，炸成型，搅拌，小火续炸熟。

6 盛出炸好的肉末角，沥干油，摆入盘中即成。

制作指导 剂子要压得均匀一些，这样放入馅料包好后的形状才美观。

营养功效 猪肉的蛋白质含量较高，还含有脂肪、维生素B$_1$、钙等成分，具有补肾养血、滋阴润燥等功效。

豆沙卷

材料 豆沙、澄面、白糖、猪油各175克，糯米粉500克，椰蓉、面粉少许

调料 食用油适量

做法 ①澄面注开水揉匀成澄面团。②部分糯米粉放在案板开窝，加糖、水拌匀，分次加余下的糯米粉、水、澄面团、猪油揉匀。③面团滚面粉搓条，压成方块擀成面片；豆沙搓条，制成馅料。④馅料放在面片上，卷起裹实分小段，制成豆沙卷生坯。⑤取蒸盘刷油，摆入豆沙卷生坯蒸熟。⑥取出，裹上椰蓉，摆盘即成。

制作指导 面片不宜擀得太薄，以免包入馅料时将豆沙卷弄破。

糯米糍

材料 莲蓉150克，椰蓉100克，樱桃1个，澄面、糯米粉、猪油、白糖各适量

调料 食用油适量

做法 ①澄面注开水揉匀成澄面团。②部分糯米粉放在案板开窝，加糖、水拌匀，分次加余下的糯米粉、水、澄面团、猪油揉匀。③樱桃剁末。④面团搓条分小剂子，莲蓉搓条切段成馅料；小剂子压成饼状，放馅料收紧，制成糯米糍生坯。⑤取蒸盘刷油，入糯米糍生坯蒸熟。⑥取出，蘸椰蓉搓匀，摆盘点缀樱桃粒即可。

制作指导 蘸椰蓉时的动作要轻一些，以免破坏了成品的形状。

咸水角

材料 猪肉末、海米、水发香菇、洋葱、澄面、糯米粉、猪油、白糖各适量

调料 盐少许，生抽2毫升，料酒3毫升，水淀粉、食用油各适量

做法 ①澄面注开水揉成面团。②部分糯米粉用刮板开窝加糖、水、余下的糯米粉、澄面团、猪油揉匀。③原材料治净。④香菇丁、海米、猪肉末、洋葱粒入锅加调料炒匀成馅料；面团搓条分剂子滚糯米粉压成饼，放馅料捏紧。⑤油锅烧热，放咸水角生坯炸熟。⑥取出沥干油，摆盘即成。

制作指导 注入澄面中的开水，要一次性加足，这样烫好的面口感才好。

鸡米花

材料 鸡胸肉100克，鸡蛋1个，柠檬1个，面包糠100克

调料 盐、鸡粉各少许，生粉35克，食用油适量

做法 ①鸡胸肉切片，敲打几下；柠檬切开挤汁入碗。②鸡蛋打开，取蛋黄，搅散成蛋液。③鸡肉片入碗加盐、鸡粉拌匀，淋柠檬汁搅匀。④倒蛋液拌匀，加生粉，鸡胸肉裹匀，并均匀地裹面包糠。⑤锅注油烧热，放鸡肉片，炸熟。⑥鸡肉片切方块，装盘摆齐即可。

制作指导 鸡肉片放入油锅炸时，要一块一块地放入，以免粘在一块儿。

山楂糕拌梨丝

材料 雪梨120克，山楂糕100克

调料 蜂蜜15毫升

做法 ①将洗净的雪梨对半切开，再去除果皮，切小瓣，去除果核；把果肉切成片，改切成细丝。②山楂糕切细丝。③把切好的雪梨装入碗中，倒入切好的山楂糕。④淋入适量蜂蜜。⑤搅拌一会儿，使蜂蜜溶于食材中。⑥取一个干净的盘子，盛入拌好的食材，摆好盘即成。

制作指导 淋入蜂蜜后，再倒入少许果汁拌匀，可以使雪梨的味道更佳。

樱桃果冻

材料 樱桃50克，水发琼脂500克，甜菊糖6克

做法 ①将樱桃对半切开，切碎，备用。②砂锅中注入适量清水烧开，放入甜菊糖，倒入琼脂，搅拌匀，煮至融化。③放入切好的樱桃，拌匀，略煮片刻。④把煮好的樱桃琼脂汁盛出，装入碗中。⑤放入冰箱冷冻2小时，至完全凝固。⑥将制成的樱桃果冻取出，装入盘中即可。

制作指导 用来装琼脂汁的碗里先铺上一层保鲜膜，这样果冻制成后便于取出，不至于将果冻弄碎。

椰蓉葡萄干黄米糕

材料 椰蓉130克，葡萄干30克，枸杞12克，水发黄米160克

调料 白糖30克，食用油适量

做法 ①洗好的黄米入碗，加洗净的枸杞、葡萄干搅匀。②将混好的食材转入另一个碗中，加水。③放入蒸锅蒸熟。④取出，放白糖混匀。⑤取盘子，撒椰蓉，取米饭，裹椰蓉，入花形模具压平，即成黄米糕。⑥另取盘子，刷热油，取米饭入模具压平，制成另一种黄米糕。把做好的两种黄米糕装盘即可。

制作指导 用模具压黄米的时候，可以把多余的黄米去掉，这样外观更好。

核桃南瓜子酥

材料 南瓜子110克，核桃仁55克

调料 白糖75克，麦芽糖、食用油适量

做法 ①核桃仁入杵臼碾碎。②炒锅烧热，倒南瓜子，小火炒干，倒核桃仁末，炒香，转中火，炒至焦脆，盛出放凉。③用油起锅，倒白糖，小火翻炒至白糖融化。④加麦芽糖，炒至金黄色，转中火，翻炒至糖汁呈暗红色。⑤倒入炒好的核桃仁、南瓜子，炒至南瓜子裹匀糖汁。⑥盛入盘中，压平压实，放凉，取出，用刀切成小块，装盘即可。

制作指导 宜选用新鲜的南瓜子，因为其营养价值更高。

鱼肉蒸糕

📋 **材料** 草鱼肉170克，洋葱30克，蛋清少许

🧂 **调料** 盐2克，鸡粉2克，生粉6克，黑芝麻油适量

🍲 **做法**

① 去皮洗净的洋葱切段；洗好的草鱼肉去皮，鱼肉切丁。

② 取榨汁机，倒鱼肉丁、洋葱、蛋清、盐，搅成肉泥。

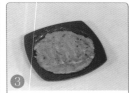

③ 肉泥取出入碗，搅至起浆，放入调料，搅成饼坯。

④ 把饼坯放入烧开的蒸锅中，用大火蒸7分钟。

⑤ 揭盖，把蒸好的鱼肉糕取出。

⑥ 将鱼肉糕放在砧板上，切成小块，并装入盘中即可。

🔺 **制作指导** 切鱼时应将鱼皮的一面朝下，刀口斜入，最好顺着鱼刺，这样切起来更干净利落。

🔺 **营养功效** 草鱼含有丰富的不饱和脂肪酸，对血液循环有利。其还富含维生素A，有提高眼睛抗病能力的作用。

炸春卷

材料 春卷皮数张，猪瘦肉100克，水发香菇35克，胡萝卜70克，黄豆芽55克，面浆适量

调料 盐3克，鸡粉2克，白糖、料酒各10毫升，生抽、老抽、水淀粉各4毫升，芝麻油2毫升

做法

① 黄豆芽切两段；香菇切丝；胡萝卜切丝；猪瘦肉切丝。

② 锅注油烧热，放肉丝，炸至变色，捞出，沥干油。

③ 锅注水烧开，加油、香菇、胡萝卜、黄豆芽焯煮，捞出。

④ 用油起锅，放入肉丝，倒入焯好的食材和调料炒匀。

⑤ 取炒好的食材入春卷皮，卷起抹面浆封口，制成春卷生坯。

⑥ 锅注油烧热，放春卷生坯，炸至金黄色，捞出，装盘即可。

制作指导 炸春卷时，火力不宜太大，否则很容易炸糊了。

营养功效 胡萝卜含有蛋白质、脂肪、碳水化合物、维生素C、钙、磷等成分，具有增强免疫力、补肝明目等功效。

马蹄虾球

材料 马蹄肉60克，虾仁50克，核桃粉15克，鸡蛋1个，黑芝麻粉少许

调料 盐少许，鸡粉1克，生粉10克，食用油适量

做法 ①马蹄肉拍碎剁末，挤干水；去虾线，虾仁切丁。②取榨汁机，倒入虾肉，搅成泥。③鸡蛋打开取蛋液。④肉泥加盐、鸡粉、蛋清、核桃粉、黑芝麻粉，搅至起浆，放马蹄末、生粉拌匀。⑤热油锅中，虾泥制成丸子入锅炸熟。⑥捞出马蹄虾球，装碗即可。

制作指导 炸虾球时要控制好时间和火候，以免炸焦。

南瓜煎奶酪

材料 南瓜120克，土豆70克，鸡蛋1个，奶酪20克，面粉60克

调料 白糖8克

做法 ①土豆切片；南瓜切片。②鸡蛋入碗取蛋黄，打散；奶酪夹散。③把南瓜和土豆片入锅蒸熟。④取出压碎，装碗，拌成泥状，加奶酪，混合均匀，倒蛋黄搅匀，放部分面粉、白糖、剩余面粉搅匀成面糊。⑤锅注油，面糊入模具，制成南瓜生饼坯，待油热后煎熟。⑥把煎好的南瓜奶酪饼取出装盘即可。

制作指导 煎制南瓜饼时，需不时转动煎锅，使其受热均匀，避免烧焦。

Part 8

养生饮品

　　养生饮品包括茶饮品和果蔬汁，饮品的饮用对人的身体有很大的好处，可是您知道饮茶要分季节吗？如何才能健康饮用各式饮品呢？跟随着本章内容，这些要点您将一一掌握。

季节不同，饮品不同

饮品是指以水为基本原料，由不同的配方和制造工艺生产出来，供人们直接饮用的液体食品。饮料除提供水分外，在不同品种的饮品中还含有不等量的糖、酸、乳以及各种氨基酸、维生素、矿物质等营养成分。饮品种类不同，其性能和功效也各异，对人体的保健也有不同的作用，所以我们应根据饮品的性能和功效，随季节的变化而选择不同品种的饮品。

春宜饮花

春季乍暖还寒，以饮用香气浓郁的花茶为好，有利于散发冬天积在体内的寒邪，促进人体阳气的生发。花茶是集茶味之美、鲜花之香于一体的茶中珍品。"花引茶香，相得益彰"，它是利用烘青毛茶及其他茶类毛茶的吸味特性和鲜花的吐香特性，将茶叶和鲜花拌和配制而成的。

夏宜清爽

夏季，气候炎热，适宜饮用绿茶。因绿茶性苦寒，可消暑解热，又能促进口内生津，有利消化，可解暑。夏天适合饮用的还有各种茶类和水果饮品，如乌龙茶、菊花茶、大麦茶，以及柠檬水、鲜榨果菜汁等。这些饮品均富含钾，还有少量B族维生素和维生素C，效果优于白开水。

秋宜滋润

不论南北，一进入秋季，天气就开始变得特别干燥，这时候喝些润肺除燥的饮品，除了对滋润皮肤很有好处，还可以预防肺热引发种种不适。经常喝些滋润的饮品，能维持细胞组织的健康状态，帮助器官排毒、净化，还能软化血管。秋季滋润首推银耳。银耳中含有丰富的胶质、多种维生素、矿物质、氨基酸，有滋阴补肾、润肺、生津止咳、强心健脑、提神补血、补气等功效。

冬宜温热

在冬季，能够达到温热效果的饮品比较受欢迎，如味甘性温的红茶，它可以蓄养人体阳气。红茶含有丰富的蛋白质和糖，还有助消化、去油腻的作用。其次那些可以达到温热效果的饮品，诸如桂圆、姜汁、黑糖等这样的材料做出的饮品，也是冬季养生很好的选择。

饮品怎么喝才健康

一年四季，人们的身边总少不了饮品。除了饮用水外，常见的主要有果汁饮料、乳饮料等。面对众多饮品的诱惑，应该选择哪些饮料，怎样喝才健康呢？

 喝蔬果汁健康小秘诀

果蔬汁最好喝鲜的

这个"鲜"主要是指两方面，一是原料新鲜，用新鲜或冷藏水果、蔬菜为原料，加工制成，能保持原果肉和蔬菜的色泽、风味，且原有的维生素类物质未被破坏，越新鲜越有营养；二是指做出的果蔬汁饮料要尽快饮用，新鲜蔬果汁含有丰富维生素，若放置时间过久，会因光线及温度破坏维生素效力，营养价值变低。

所有蔬果都能搭配打成汁吗

有些蔬果，如胡萝卜、南瓜、小黄瓜、哈密瓜，含有一种会破坏维生素C的酵素，如果与其他蔬果搭配，会使很多其他蔬果的维生素C受破坏。不过，由于此种酵素容易受热及酸的破坏，所以在自制新鲜蔬果汁时可以加入像柠檬这类较酸的水果，来预防其他的维生素C受到破坏。

蔬果汁该怎么喝

喝新鲜蔬果汁，切忌豪迈地痛饮，而要以品尝的心情一口一口慢慢地喝，这样才容易使营养物质在体内被完全吸收。若大口痛饮，蔬果汁的糖分会很快进入血液中，使血糖迅速上升。此外，早上或饭后2小时后喝最好，切记不可用蔬果汁来代替早餐，因为一杯蔬果汁营养有限，无法取代原本的早餐，尤其是碳水化合物含量不高，并不足以作为整个早上的能量来源。

 如何喝乳饮料

乳饮料喝"活菌"的

乳饮料由于味道香甜，并有奶香味，受到很多人的青睐。其中，乳酸菌饮料具有较多的保健功能，特别是选用双歧杆菌、嗜酸乳杆菌做发酵剂的饮品，可在肠道内抑制有害菌的生长，调节肠道微生态平衡，增强人体的免疫能力，同时使乳蛋白有一定的降解，容易被人体吸收。

乳酸饮料最好饭后喝凉的

最好不要空腹喝含有活性乳酸菌的含乳饮料，饭后2小时后再喝乳饮料效果会比较好。

薄荷甘草玫瑰茶

🌱 **材料** 鲜薄荷叶30克，甘草8克，玫瑰花4克

🍲 **做法**

❶ 将洗净的薄荷叶揉碎，待用。

❷ 砂锅注水烧开，放入洗净的甘草，撒上洗好的玫瑰花。

❸ 盖上盖，用小火煮约10分钟，至其分解出有效成分。

❹ 揭盖，搅拌匀，转中火保温待用。

❺ 取茶杯，放入揉碎的薄荷叶，再盛入砂锅中的药汁。

❻ 泡约1分钟，至其散出香味，趁热饮用即可。

🔰 **制作指导** 冲泡时最好盖上盖子，这样能使茶汁的香味更浓。

🔰 **营养功效** 薄荷叶含有柠檬烯、薄荷异黄酮苷、迷迭香酸、咖啡酸、天冬氨酸、谷氨酸、丝氨酸等营养成分，有防腐杀菌、利尿、健胃等功效。

金菊玫瑰花茶

材料 金银花5克，玫瑰花4克，菊花3克

做法

① 取备好的茶杯，放入金银花、玫瑰花、菊花。

② 注入少许开水，冲洗一遍。

③ 去除杂质，倒入杯中的热水，待用。

④ 杯中再次注入开水，至八九分满。

⑤ 盖好盖，泡约5分钟，至散出清香味。

⑥ 另取干净的茶杯，倒入泡好的花茶，趁热饮用即可。

制作指导 制作此花茶时，可加入少许蜂蜜，能改善其口感。

营养功效 金银花含有绿原酸、木樨草素苷、肌醇及皂苷、鞣质等成分，是清热解毒的佳品。但是，脾胃虚寒及气虚者忌服，以免加重病情。

玫瑰花桂圆生姜茶

材料 玫瑰花3克，桂圆肉20克，红枣25克，枸杞8克，姜片10克

调料 白糖20克

做法 ①砂锅中注入适量的清水，用大火烧开。②放入玫瑰花、桂圆肉、红枣、枸杞、姜片。③盖上锅盖，用小火煮约20分钟，至全部食材熟透。④揭开锅盖，放入适量的白糖。⑤搅拌均匀，略煮片刻，至白糖融化。⑥关火后盛出煮好的姜茶即可。

制作指导 水要一次性加足，中途不宜再加水。

决明子枸杞茶

材料 生地黄15克，决明子10克，枸杞8克，菊花4克

做法 ①砂锅中注入适量清水烧开，放入洗净的生地黄、决明子。②盖上盖，烧开后用小火煮约20分钟，至其析出有效成分。③揭盖，撒上洗好的枸杞、菊花，快速搅拌匀。④再转中火续煮约1分钟，至茶水散出花香味。⑤关火后盛出煮好的枸杞茶，装入茶杯中，趁热饮用即可。

制作指导 将决明子先炒香后再烹煮，能使其营养成分更易释放。

莲心茶

材料 莲子心10克

做法 ①取一个干净、带有杯盖的茶杯。②锅中注入适量的清水，用大火烧开，关火后，待用；将洗净的莲子心放入干净的杯中，然后注入适量的沸水。③盖上茶杯盖，冲泡约1分钟，至莲子心分解出有效成分。④最后取下盖子，趁热饮用即可。

制作指导 注入沸水时，以八成满为佳，不能太多以免茶水的味道变淡。

党参枸杞茶

材料 党参15克，枸杞8克，姜片20克

做法 ①砂锅中注入适量的清水，用大火烧开，放入洗净的党参、姜片。②盖上盖子，用小火煮20分钟，至药材分解出有效成分。③关火后，揭开盖子，然后放入洗净的枸杞，搅拌均匀，用小火续煮1分钟，至枸杞熟透。④将煮好的党参枸杞茶盛出，并装入碗中，趁热饮用即可。

制作指导 枸杞煮的时间不宜过长，以免流失有效成分。

槐花山楂茯苓茶

材料 山楂35克，茯苓20克，槐花少许

做法 ①山楂去头尾，取肉切小块。②砂锅中注入适量清水，用大火烧开，放入山楂、茯苓，加盖，烧开后用小火煲煮约20分钟。③揭盖，捞出砂锅中的药材，用中火保温，待用。④取一茶杯，放入槐花。⑤盛入砂锅中的药汁，至八九分满，盖上杯盖，浸泡约三分钟。⑥揭下杯盖，趁热饮用即可。

制作指导 要使用沸腾的药汁冲泡槐花。

黄芪党参枸杞茶

材料 黄芪15克，党参15克，枸杞8克

做法 ①砂锅中注入适量的清水，用大火烧开，放入备好的黄芪、党参和枸杞。②盖上盖子，先用大火煮沸后，改用小火约煮20分钟，至全部药材分解出有效成分。③关火后，揭开盖子，将煮好的黄芪党参枸杞茶盛出，并装入干净的小碗中，趁热饮用即可。

制作指导 可加水反复冲煮几次，至味道变淡。

马蹄汁

材料 马蹄肉100克

调料 蜂蜜10毫升

做法 ①去皮洗净的马蹄肉切成小块。②取榨汁机，选择搅拌刀座组合，倒入马蹄肉。③加入适量的矿泉水。④盖上盖子，选择"榨汁"功能，榨取马蹄汁。⑤揭开盖子，放入蜂蜜，盖上盖，继续搅拌均匀。⑥榨汁机断电，把榨好的马蹄汁倒入杯中即可。

制作指导 若喜欢甜的，可以加多一些蜂蜜调味。

玉米汁

材料 鲜玉米粒70克

调料 白糖适量

做法 ①取榨汁机选择搅拌刀座组合，倒入玉米粒。②注入少许温开水，盖好盖子。③选择"搅拌"功能，榨取玉米汁。④断电后揭盖，加入少许白糖。⑤盖好盖子，再次选择搅拌功能，拌至糖分溶化。⑥断电后倒出玉米汁，装在小碗中即可。

制作指导 在榨汁前，可先用清水泡发一下玉米粒，有利于减少榨汁的时间。

菠菜西蓝花汁

材料 菠菜200克，西蓝花180克

调料 白糖10克

做法 ①洗好的西蓝花切小块；洗净的菠菜切段。②锅中注入清水烧开，倒入西蓝花，煮沸，再倒入菠菜，搅匀，余煮片刻，捞出，沥干水分。③取榨汁机，将焯过水的食材倒入搅拌杯中，倒入纯净水。④盖上盖，选择"榨汁"功能，榨取蔬菜汁，揭盖，倒入白糖。⑤盖上盖，搅拌至蔬菜汁味道均匀。⑥揭盖，将榨好的蔬菜汁倒入杯中即可。

制作指导 西蓝花焯水的时间可以久一点，这样榨汁时候口感会更佳。

胡萝卜山楂汁

材料 胡萝卜80克，鲜山楂50克

做法 ①将洗净的胡萝卜切成小丁块；山楂切开，去除果核。②取榨汁机，选择搅拌刀座组合，倒入山楂、胡萝卜。③注入适量温开水，盖好盖子，选择搅拌功能，榨出汁水。④断电后，倒出汁水，装在碗中，待用。⑤砂锅置火上，倒入汁水，加盖，用中火煲煮2分钟，至其沸腾，揭盖，搅拌均匀。⑥关火后盛出，滤在杯中，稍冷却后，即可饮用。

制作指导 若想饮用更纯的汁水，可将现榨出来的汁水用过滤网过滤一下。

黄瓜柠檬汁

📀 **材料** 黄瓜120克，柠檬70克

🥄 **调料** 蜂蜜10毫升

🍲 **做法** ①洗好的黄瓜切开，再切条，改切成丁；洗净的柠檬切成片，备用。②取榨汁机，选择搅拌刀座组合，将切好的黄瓜、柠檬倒入搅拌杯中，加入适量矿泉水。③盖上盖，选择"榨汁"功能，榨取蔬果汁。④揭开盖，加入适量蜂蜜。⑤盖上盖，搅拌均匀。⑥揭开盖，将蔬果汁倒入杯中即可。

☁ **制作指导** 黄瓜含有大量水分，加矿泉水时可以适量少加一些。

黄瓜芹菜汁

📀 **材料** 黄瓜100克，芹菜60克

🥄 **调料** 蜂蜜10毫升

🍲 **做法** ①洗净的芹菜切粒；洗好的黄瓜切开，切条，改切成丁，备用。②取榨汁机，选择搅拌刀座组合，倒入黄瓜、芹菜，加入适量白开水。③盖上盖，选择"榨汁"功能，榨取蔬菜汁。④揭开盖，加入适量蜂蜜。⑤盖上盖，再次选择"榨汁"功能，搅拌均匀。⑥揭盖，将搅拌均匀的黄瓜芹菜汁倒入杯中即可。

☁ **制作指导** 芹菜榨汁前也可先焯水，其熟软后能节省榨汁时间。

火龙果西瓜汁

🔹 **材料** 西瓜130克，火龙果80克

🔹 **做法**

❶ 西瓜切开，去皮，取出果肉，再切成小块。

❷ 火龙果切开，取出果肉，切成小块，备用。

❸ 取榨汁机，选择搅拌刀座组合。

❹ 放入切好的果肉，倒入适量纯净水，盖上盖。

❺ 选择"榨汁"功能，榨取果汁。

❻ 断电后揭开盖，将榨好的果汁倒入碗中即可。

🔸 **制作指导** 火龙果榨汁的时间不能太长，以免降低其营养。

🔸 **营养功效** 西瓜含有蛋白质、葡萄糖、蔗糖、谷氨酸、精氨酸等营养成分，具有降血脂、降血压、清热解暑等功效。

萝卜莲藕汁

材料 白萝卜120克，莲藕120克

调料 蜂蜜适量

做法

① 洗净的莲藕切丁；洗好去皮的白萝卜切丁。

② 取榨汁机，倒入白萝卜、莲藕，加入纯净水。

③ 盖上盖，选择"榨汁"功能，榨出蔬菜汁。

④ 揭开盖，加入少许蜂蜜。

⑤ 盖上盖子，选择"榨汁"功能，搅拌均匀。

⑥ 将榨好的蔬菜汁倒入杯中即可。

制作指导 莲藕含大量淀粉，切好后用水泡一会儿再榨汁，口感会更好。

营养功效 白萝卜含有葡萄糖、蔗糖、果糖、腺嘌呤、精氨酸、胆碱、淀粉酶、B族维生素等营养成分，其所富含的纤维素可促进胃肠蠕动。

马蹄雪梨汁

材料 马蹄肉90克，雪梨150克

做法 ①洗净去皮的马蹄肉切小块。②洗好的雪梨对半切开，去皮，切成瓣，去核，再切成小块，备用。③取榨汁机，选择搅拌刀座组合，倒入雪梨，加入马蹄。④倒入适量矿泉水。⑤盖上盖，选择"榨汁"功能，榨取果蔬汁。⑥揭开盖，将榨好的马蹄雪梨汁倒入杯中即可。

制作指导 若喜欢甜的，可以加一些蜂蜜调味。

芹菜白萝卜汁

材料 芹菜45克，去皮白萝卜200克

做法 ①将洗净的芹菜切碎成末状；白萝卜切片，切成条状，再改切成丁。②取出榨汁机，选择搅拌刀座组合，倒入芹菜、胡萝卜。③注入适量温开水，盖上盖子。④选择搅拌的功能，榨取蔬菜汁。⑤断电后，倒出蔬菜汁，过滤在碗里。⑥盛出榨好的蔬菜汁即可。

制作指导 芹菜的纤维较粗，榨汁的时间可以适当久一点。

西红柿芹菜莴笋汁

材料 西红柿100克，莴笋150克，芹菜70克

调料 蜂蜜15克

做法 ①摘洗好的芹菜切段；洗好净去皮的莴笋切丁；洗好的西红柿切丁。②锅注水烧开，倒入莴笋丁、芹菜段，略煮，捞出，沥干水分。③取榨汁机，选将材料备好的食材倒入搅拌杯中，加入纯净水。④选定选择"榨汁"功能，榨取果蔬菜汁。⑤倒入蜂蜜，搅拌匀。⑥将搅匀的果蔬汁倒入杯中即可。

制作指导 西红柿不宜直接用清水清洗，易残留农药，而应用食盐水或者果蔬清洗剂水清洗。

西红柿汁

材料 西红柿70克

做法 ①把洗净的西红柿对半切开，去蒂，切厚片，再改切成丁块。②取榨汁机，选择搅拌刀座组合，倒入西红柿。③注入少许的温开水，盖上盖子。④选定选择"榨汁"功能，榨取西红柿汁。⑤断电后，倒出榨好的西红柿汁，并装入杯中即可。

制作指导 依个人口味，可加入任一不同口感的调料。

猕猴桃香蕉汁

材料 猕猴桃100克，香蕉100克

调料 蜂蜜15毫升

做法 ①香蕉去皮，将果肉切成小块。②洗净的猕猴桃去皮，对半切开，去除硬芯，再切成小块，备用。③取榨汁机，选择搅拌刀座组合，倒入切好的猕猴桃、香蕉。④加入适量矿泉水，盖上盖，选择"榨汁"功能，榨取果汁。⑤揭开盖子，加入适量蜂蜜，盖上盖，再次选择"榨汁"功能，搅拌均匀。⑥揭盖，把搅拌匀的果汁倒入杯中即可。

制作指导 将果汁倒入杯中后可将表面的浮沫撇去，这样果汁的口感更佳。

西瓜黄桃苹果汁

材料 西瓜300克，黄桃150克，苹果200克

做法 ①洗好的苹果切小块。②取出的西瓜肉去子，切小块。③取榨汁机，选择搅拌刀座组合，把苹果、西瓜、黄桃倒入榨汁机的搅拌杯中。④加少许矿泉水，盖上盖。⑤选择"榨汁"功能，榨取果汁。⑥取下搅拌杯，把果汁倒入杯中即可。

制作指导 西瓜含有大量水分，加水时可以适量少加一些，以免稀释果汁。